電機機械實習

卓胡誼　編著

全華圖書股份有限公司

國家圖書館出版品預行編目資料

電機機械實習 / 卓胡誼編著. -- 二版. -- 新北市
：全華圖書股份有限公司, 2021.05
面 ； 公分
ISBN 978-986-503-751-2(平裝)
1.電機工程　2.實驗

448   110006947

電機機械實習

作者 / 卓胡誼

發行人 / 陳本源

執行編輯 / 張峻銘

出版者 / 全華圖書股份有限公司

郵政帳號 / 0100836-1 號

印刷者 / 宏懋打字印刷股份有限公司

圖書編號 / 0628401

二版一刷 / 2021 年 06 月

定價 / 新台幣 420 元

ISBN / 978-986-503-751-2

全華圖書 / www.chwa.com.tw

全華網路書店 Open Tech / www.opentech.com.tw

若您對本書有任何問題，歡迎來信指導 book@chwa.com.tw

臺北總公司(北區營業處)
地址：23671 新北市土城區忠義路 21 號
電話：(02) 2262-5666
傳真：(02) 6637-3695、6637-3696

南區營業處
地址：80769 高雄市三民區應安街 12 號
電話：(07) 381-1377
傳真：(07) 862-5562

中區營業處
地址：40256 臺中市南區樹義一巷 26 號
電話：(04) 2261-8485
傳真：(04) 3600-9806(高中職)
　　　(04) 3601-8600(大專)

作者自序 AUTHOR

　　電機機械這門課程對電機系的學生而言是一門非常重要的課程，因為此科的內容是在介紹電機方面最常用到的機械設備，既然是實際的設備，當然除了理論外，更重要的是要能夠操作。因此，每個學校都會購置設備成立電機機械實驗室，供學生由實作中學習設備的操作，並印證課堂中所教的理論。

　　目前市面上已經有許多電機機械實驗課本，供給各校做為電機機械實驗課程的教材。但因各校所採購的實驗器材，其規格、廠牌及功能等均不盡相同，往往造成學生在拿到實驗課本時，發現上面所寫的和學校的設備不同，或者步驟、原理與接線圖等太過簡化，使學生做了半天，卻仍不明瞭為什麼要這樣做？

　　甚至有許多學校根本沒有使用實驗課本，完全讓學生依據老師簡短的原理複習與操作提示自行摸索，造成學習成效大打折扣。

　　因此，作者特別針對目前大多數學校所使用由開富公司所產製之電機機械實驗設備，編寫這本電機機械實驗用書，除了詳細列出每一個操作步驟之外，更對此一步驟為什麼要這樣做加以解說，並對操作中應該注意的事項及可能發生的狀況加以分析，希望能使學生將實做與理論融合，真正將電機機械實驗這門課修好，以便將來能夠學以致用。

　　本書在教師版提供參考數據，而學生版則為空白的實驗數據欄，藉此讓學生將實驗結果直接填寫在實驗數據欄後撕下繳交，不再像過往一樣讓學生把實驗課本抄一遍，當作實驗報告來交，可是卻仍不明白這個實驗到底在做些什麼？而是希望學生利用實驗手冊真的去做實驗，也真的學到經驗，然後把經驗和心得寫在手冊裏，當作是實驗報告，如此才真正達到實驗課的目的。

　　對於電機機械實驗為兩個學期，每個學期 3～4 小時課程的學校，建議逐一完成本書所有的實驗項目。

　　至於電機機械實驗為 1 個學期，或每個學期只有 2 小時課程的學校，建議任課老師依上課狀況針對特定單元完成所有該單元相關實驗，例如針對變壓器完成所有變壓器相關實驗；或者對每個特定單元選擇 1〜2 個較具代表性的實驗，例如對變壓器、直流發電機、直流電動機、同步發電機、同步電動機與感應電動機分別選擇 1〜2 個較具代表性的實驗。

　　最後，建議任課老師於學期結束前預留至少 3 週進行實做考試，因為電機機械實驗設備昂貴，不太可能讓每個學生自己使用 1 套設備上課，在 1 套設備由許多學生共用的分組上課模式下，必然有幾位認真實做，也必然有幾位光看不動手。

　　產業界一直希望降低學用落差，要避免被批評為學店，要讓學生能學到真功夫，於學期結束前預留至少 3 週，要求每位學生獨自在 1 小時內完成由老師任選本學期上過的 1 個實驗，以此作為及格門檻，如此才能避免部分學生於學期中光看不動手的弊病，讓學生真心投入實做，達到熟悉設備降低學用落差的功效。

　　此外，將較容易損壞的電阻負載改為 100W，60W，40W 與 10W 各 3 個的燈泡負載，方便實驗的進行，也提高設備的妥善率，避免學期中因模組故障送修而耽誤課程的進度，同時訂正少數錯誤並對部分實驗略為修改使實驗過程能更為順暢。

　　期望能以這本書幫助電機科系的學生，都能學會電機機械的基本原理與應用，為將來畢業後的工作奠定堅實的基礎。

國立高雄科技大學電機系教授卓胡誼　敬筆　2021/6/4

編輯大意 PREFACE

　　「系統編輯」是我們的編輯方針，我們所提供給您的，絕不只是一本書，而是關於這門學問的所有知識，它們由淺入深，循序漸進。

　　本書介紹電機相關的理論及實驗，作者特別針對目前大多數學校所使用，由開富公司所產製之電機機械實驗設備來編寫此書，除了詳細列出每一個操作步驟外，更對每一步驟的動作加以解說，而操作中該注意之事項及可能發生的狀況，亦加以分析，希望能使學生把實作與理論融合，將電機機械實驗此門課修好，以便未來能夠學以致用。

　　另外，在教師版有提供參考數據，而學生版則為空白之實驗數據欄，可讓學生將實驗結果填寫後撕下繳交。

　　本書適用於科大電機系「電機機械實習」課程或業界相關人士及有興趣之讀者使用。

　　同時，為了使您能有系統且循序漸進研習相關方面的叢書，我們以流程圖方式，列出各有關圖書的閱讀順序，以減少您研習此門學問的摸索時間，並能對這門學問有完整的知識。若您在這方面有任何問題，歡迎來函連繫，我們將竭誠為您服務。

相關叢書介紹

書號：0347202
書名：電機機械實習(第三版)
編著：黃文淵、李添源
16K/288 頁/300 元

書號：0252204
書名：低壓工業配線(第五版)
編著：楊健一
20K/424 頁/380 元

書號：10510
書名：混合式數位與全數位
　　　電源控制實戰
編著：李政道
20K/456 頁/700 元

書號：0585102
書名：泛用伺服馬達應用技術(第三版)
編著：顏嘉男
20K/272 頁/320 元

書號：04E71106
書名：電力電子應用實習全一冊
　　　(附實習手冊)
編著：蘇景暉、吳東旭
小菊 8K/192 頁/402 元

書號：0603601
書名：交換式電源供應器剖析
編譯：林伯仁、羅有綱、陳俊吉
20K/320 頁/550 元

書號：05180047
書名：電力電子分析與模擬(第五版)
　　　(軟體、範例光碟)
編著：鄭培璿
16K/488 頁/500 元

◎上列書價若有變動，請以
　最新定價為準。

流程圖

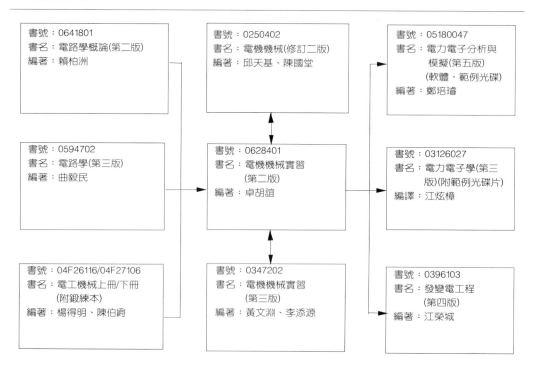

目錄

CHAPTER 1

實驗須知

　　在做實驗的時候難免要測量數據，然後再將所得的數據畫成曲線圖，得到該設備的各種特性曲線。另一方面，由電機機械的理論，我們也可以推出該設備應有的特性曲線，在此要強調的是，這兩組特性曲線並不會完全吻合。其原因如下：首先，在做理論推導的時候，為了使問題簡化，經常會做一些近似，或是把系統理想化，但是實際的系統一定有些不理想的部份，這是造成理論和實測值不相符的首要原因，其次，在測量的時候一定有些誤差，尤其學校實驗室的設備，經常由大批技術不純熟的學生操作，除了因誤動作造成損毀與故障之外(損毀與故障有時會使設備的特性改變)，沒有歸零、沒有校正，甚至讀表方式不當所造成的誤差也是在所難免。因此，在學校的實驗室做實驗並不要求必須得到和理論曲線百分之百吻合的特性曲線才算成功，只要所得到的曲線和理論值很接近，能夠呈現出應該有的特性也就夠了。例如理論曲線如圖 1-1，為一條直線，在 I_f 為 1A、2A、3A、4A 時，V_a 分別為 50V、100V、150V、200V。

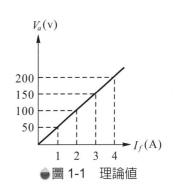

● 圖 1-1 理論值

但是，實測值很可能如圖 1-2 所示，在 $I_f = 1A$ 時 V_a 爲 49V，和理論值 50V 有少許誤差，但仍可看出實測值和理論值呈現相接近的特性，不過要注意的是在 $I_f = 2A$ 的點 $V_a = 80V$，誤差太大，所以這個點最好重新測量。但若如圖 1-3 所示，則很明顯是實驗失敗，必需檢查錯誤的地方，改正後重做。

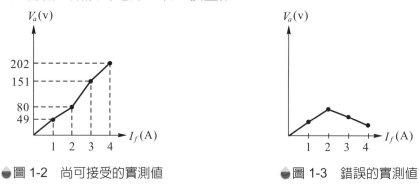

● 圖 1-2　尚可接受的實測值　　　　● 圖 1-3　錯誤的實測值

　　當然，以上的說法並不意謂著做實驗可以不求準確，只是因爲學校的目的是讓學生了解設備的特性與操作方式，並可和課堂上的理論相印證即可。另一方面，像這種供給大批不特定對象使用的實驗室，想在準確度上做嚴苛的要求也是有實際上的困難的。但若在社會上，供少數特定人使用的實驗室，則可以，也應該力求準確。因此，爲了養成良好的操作習慣，在學校實驗時就應儘可能的使數據準確才是。只是萬一無法和理論值百分之百吻合也不必吹毛求疵，自尋煩惱。

　　在進行任何實驗之前，必須先開啓控制機台的電源，並對控制機台做初步的檢測，以確定其功能是否正常。否則，做了老半天才發現原來機台故障，那眞是白費功夫了。首先，查看附在機台上的維護卡，看看是否有尙未修復的故障記錄，如果有，則再判斷在本次實驗中是否會用到故障的部份，如果用不到，則仍可進行實驗。萬一必須用到故障的部份，則應向老師報告。爲了自己和其他使用者的方便，也爲了利於維修，在做完實驗後一定要填寫維護卡。因爲有些缺德鬼或粗心大意的使用者常常忘了填寫維護卡，甚至故意隱瞞故障的事實。所以，即使維護卡上沒有登錄故障，在使用前還是應做初步的檢測，以免白忙一場。

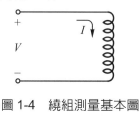

● 圖 1-4　繞組測量基本圖

在實驗數據的計算中，有時會使用到繞組的電阻值。測量繞組電阻有許多方法，在此介紹最簡單也最常用的方法，利用歐姆定律求電阻。如圖 1-4 所示，可知 $Z = \dfrac{V}{I} = R + j\omega L$，其中 R 為繞組的電阻，L 為繞組的電感，若使用直流電源，則角頻率 $\omega = 0$，故可得 $R = \dfrac{V}{I}$。為了量出 V 和 I 的值，因此，我們要加入直流電壓表與直流電流表，如圖 1-5 所示。注意，真正的電阻值應該是 $\dfrac{V}{I_2}$，但我們量到的是 $\dfrac{V}{I} = \dfrac{V}{I_1 + I_2}$，若要減少誤差，必須符合 $I_2 \gg I_1$ 的條件，因此，如果待測電阻正常應該流過的電流很大，則接線如圖 1-5 時誤差很小，但若待則繞組的額定電流很小，則 I_1 可能會造成很大的誤差，此時應將接線改為如圖 1-6 所示。

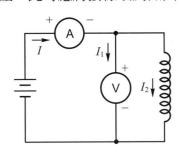

●圖 1-5　低電阻值繞組測量圖

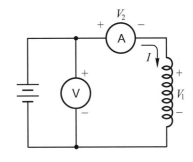

●圖 1-6　高電阻值繞組測量圖

注意真正的電阻值應為 $\dfrac{V_1}{I}$，但我們量到的是 $\dfrac{V}{I} = \dfrac{V_1 + V_2}{I}$，若要減少誤差，必須符合 $V_1 \gg V_2$ 的條件。換句話說，因為待測繞組和電流表流過相同的電流，故 $V_1 \gg V_2$ 的條件表示待測繞組的電阻值應遠大於電流表的內阻。

總而言之，變壓器、電樞繞組與串激繞組為大電流，低電阻的繞組，應使用圖 1-5 的方式測量。至於直流機的分激繞組則為小電流，高電阻的繞組應使用圖 1-6 的方式測量。另外，為了保護繞組，通常測量時還會再加上限流電阻。

其次，因電阻和溫度有關，若實驗室有溫度計，應記錄溫度，以便將測量值換算到不同的溫度狀況下使用。假設 $R(t_1)$ 為溫度 t_1 時的電阻，$R(t_2)$ 為溫度 t_2 時的電阻，則換算公式如下

$$\frac{R(t_1)}{R(t_2)} = \frac{234.5 + t_1}{234.5 + t_2}$$

　　另外，交流狀況下因為有集膚效應(電流不是平均分布而是往導體表面集中導致有效截面積變小電阻值變大)，故交流電阻值 R_{AC} 比直流電阻值 R_{DC} 稍大，必要時可做修正，例如 $R_{AC}=1.06R_{DC}$ 或 $R_{AC}=1.2R_{DC}$，若頻率愈高則交流電阻值 R_{AC} 與直流電阻值 R_{DC} 的差異將因集膚效應而增大。

　　請同學特別注意，操作有電的設備時應該使用右手，尤其左撇子要更加特別小心，因為如果流過心臟，只要幾十毫安(mA)的電流就可能致死，而且使用左手萬一漏電時，比較可能造成電流流過心臟的狀況，所以操作設備時應該使用右手。還有，不要把胸部靠在機台上，也是避免漏電電流經過心臟的保命要訣。切記！切記！用右手！不要用左手！用右手！不要用左手！

CHAPTER 2

設備簡介

　　本套實驗設備是由開富股份有限公司產製的，是模組化的設備，通常如圖 2-1 所示，以類似拆裝窗戶的方式安置於 2 層或 3 層的機架上，可視實驗所需靈活更換不同的模組以及模組的位置，以方便實驗的進行。

● 圖 2-1　實驗模組與機架

以下分別介紹電源開關與各個模組單元：

2-1　實驗室電源總開關

通常每間實驗室都會有一個電源總開關，如圖 2-2 所示為實驗室電源總開關箱常見的外觀。

◆圖 2-2　實驗室電源總開關箱常見的外觀

如圖 2-3 所示為實驗室電源總開關箱內部常見的景象。

●圖 2-3　實驗室電源總開關箱內部常見的景象

　　包含實驗室的電燈、冷氣、風扇、投影機、電動布幕、麥克風以及各個實驗桌的用電等,都由此電源總開關控制。

　　由於電機機械實驗室用電量較大,會導致此一電源總開關產生較高的電磁場,建議上課時不要長期太靠近,或者可以設法安裝電磁波屏蔽設施來降低電磁波。

2-2　實驗桌三相電源開關

　　每套實驗設備通常會單獨架設於一個實驗桌上，會有一個電源開關，如圖 2-4 所示，提供整個實驗桌的三相電源，通常為三相 220V，有時候這個實驗桌三相電源開關會安裝在實驗桌的桌腳位置。

●圖 2-4　實驗桌三相電源開關

2-3 實驗桌單相電源開關

　　每套實驗設備通常會單獨架設於一個實驗桌上，會有一個電源開關，如圖 2-5 所示，提供整個實驗桌的單相電源，通常為單相 110V，有時候這個實驗桌單相電源開關會安裝在實驗桌的桌腳位置。有時會兩組共用一個開關。

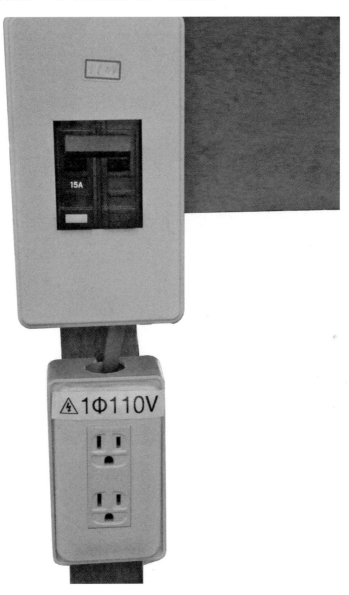

● 圖 2-5　實驗桌單相電源開關

2-4　交流電源盤三相電源開關

　　通常在整套實驗設備機架的最下方會有一個如圖 2-6 所示的藍色電源開關，提供整套實驗設備的三相電源，當實驗桌三相電源開關 ON 之後，再將如圖 2-6 的藍色電源開關切到 ON，會使 3 個紅燈亮，表示已經供應三相電源給機架上的三相電源供應器模組。此時，可由黑色插孔引出三相 220V 電源。

●圖 2-6　交流電源盤三相電源開關

2-5 交流電源盤單相電源開關

通常在整套實驗設備機架的最下方會有一個如圖 2-7 所示的藍色電源開關,提供整套實驗設備的單相電源,當實驗桌單相電源開關 ON 之後,再將如圖 2-7 的藍色電源開關切到 ON,會使 1 個紅燈亮,表示已經供應單相電源給整個實驗機架。

此時,會使白色插座上的小紅燈亮,能由白色插座引出單相 110V 電源。

如果數位電表已經接線,可看到數位電表的 LED 數字顯示螢幕已經亮了,顯示數位電表已經獲得 110V 的電源供應。

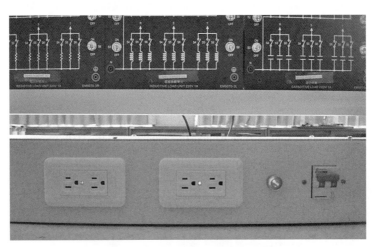

◍圖 2-7 交流電源盤單相電源開關

如圖 2-8 所示,在機架背面也有白色插座能引出單相 110V 電源,通常負載的散熱風扇以及電子式瓦特計需由此供電。

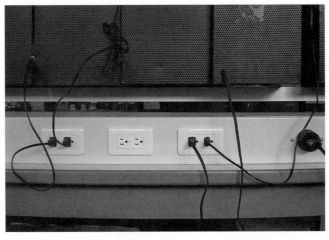

◍圖 2-8 機架背面的 110V 白色插座

2-6　三相電源供應器模組

　　三相電源供應器模組如圖 2-9 所示，左上方 L1、L2、L3 的 3 個紅燈亮，表示交流電源盤三相電源開關已經供電給三相電源供應器。按下綠色①按鈕，使右上方 U、V、W 旁的 3 個紅燈亮，表示已經可以由 U、V、W 插孔供應整個實驗機架的三相電源。

　　這個三相電源供應器有加裝漏電斷路器，萬一實驗中有漏電，才比較能確保同學的安全，所以強烈建議，實驗所需之三相電源應由此處之 U、V、W 插孔引出。

　　萬一實驗發生問題，可按下紅色◎緊急按鈕，切斷由此處 U、V、W 插孔引出之所有電源，以確保安全。

　　右下方綠色接地插孔務必接地，可於機器運轉累積靜電時提供放電路徑，或於漏電時確保安全。

　　萬一實驗失誤導致保險絲燒毀，此處的保險絲規格為 10A。

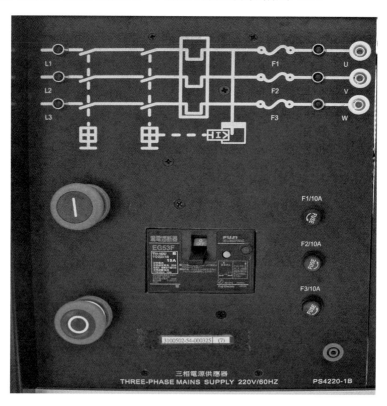

●圖 2-9　三相電源供應器

2-7　直流電源供應器模組

　　直流電源供應器模組如圖 2-10 所示，左上方的旋轉開關扳到 0 位置，表示尚未送電，扳到 1 位置，中間的 3 個小黃燈亮，表示已經送電，此時右上方的紅色與藍色插孔可引出固定 200V 不可調整的直流電。**此直流電只是簡單的整流，只適合供應發電機或電動機的直流激磁繞組，不適合供應電樞繞組。**

　　按下紅色 START 按鈕，下方的小紅燈熄滅小綠燈亮，此時右下方的紅色與藍色插孔可引出直流電。**此直流電有經過矽控整流器(SCR)，才適合供應電樞繞組。**

　　可用左下方藍色 Vadj 旋鈕在 0V～240V 之間調整這個直流電源的輸出。

　　右下方綠色接地插孔務必接地，可於機器運轉累積靜電時提供放電路徑，或於漏電時確保安全。

　　萬一實驗失誤導致保險絲燒毀，此處的保險絲規格為 10A。

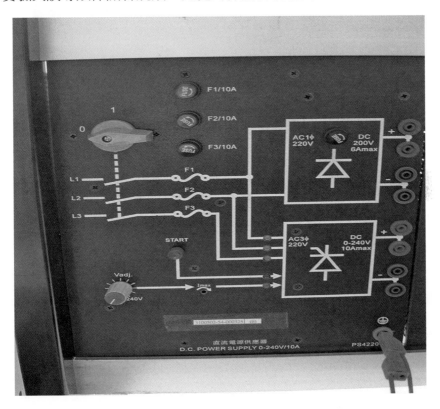

●圖 2-10　直流電源供應器

2-8　直流多用途電機

　　直流多用途電機如圖 2-11 所示，A1、A2 是電樞繞組的插孔，F1、F2 是並激場繞組的插孔，串激場繞組的插孔在 S1、S2、S3(S1、S2 匝數比較少，S1、S3 匝數比較多)，可接成並激、串激或複激。

　　右下方綠色接地插孔務必接地，可於機器運轉累積靜電時提供放電路徑，或於漏電時確保安全。

　　左下方黃色為測量溫升的插孔，暫時不會用到。

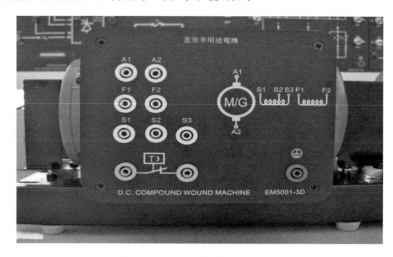

●圖 2-11　直流多用途電機

　　直流多用途電機的名牌如圖 2-12 所示，顯示其額定功率為 250W，電樞額定電壓220V，電樞額定電流 1.65A，並激場額定電壓 200V，並激場額定電流 0.15A，額定轉速 1780rpm。

●圖 2-12　直流多用途電機的名牌

2-9 三相凸極式同步機

三相凸極式同步機如圖 2-13 所示，定子三相繞組的 6 個插孔分別為 U1、U2、V1、V2、W1、W2，若將 U1 連接 W2，V1 連接 U2，W1 連接 V2，可以形成 Δ 接，接受三相 220V 電壓。

F1 與 FS 是轉子激磁線圈插孔，**在當作同步電動機啟動時，務必按住旁邊的黃色按鈕，使轉子激磁線圈短路，以感應機方式啟動，待轉速夠高，接近同步速後，才可放開黃色按鈕，使其以同步電動機運轉。**

右下方綠色接地插孔務必接地，可於機器運轉累積靜電時提供放電路徑，或於漏電時確保安全。

左下方黃色為測量溫升的插孔，暫時不會用到。

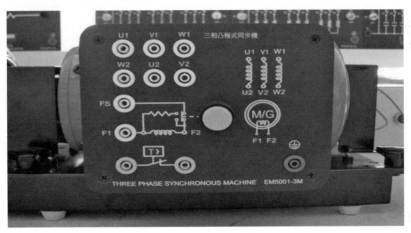

●圖 2-13 三相凸極式同步機

三相凸極式同步機的名牌如圖 2-14 所示，顯示其額定功率為 300W，定子三相繞組 Δ 接的額定電壓 220V，額定電流 1.17A，轉子激磁線圈的額定電壓 60V，額定電流 0.3A，額定轉速 1800rpm，額定頻率 60Hz。

●圖 2-14 三相凸極式同步機的名牌

2-10　三相鼠籠式感應電動機

如圖 2-15 所示，三相鼠籠式感應電動機，其定子之三相繞組的 6 個插孔分別為 U1、U2、V1、V2、W1、W2，如果將 U1 連接 W2，V1 連接 U2，W1 連接 V2，可以形成 Δ 接，接受三相 220V 電壓。

右下方綠色接地插孔務必接地，可於機器運轉累積靜電時提供放電路徑，或於漏電時確保安全。

左下方黃色為測量溫升的插孔，暫時不會用到。

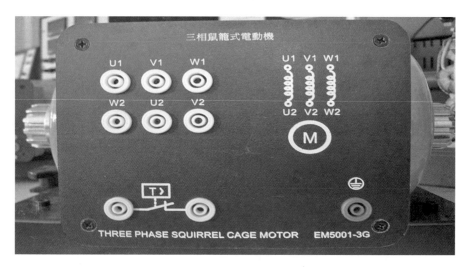

● 圖 2-15　三相鼠籠式感應電動機

三相鼠籠式感應電動機的名牌如圖 2-16 所示，顯示其額定功率為 300W，定子三相繞組 Δ 接的額定電壓 220V，額定電流 1.4A，額定頻率 60Hz，額定轉速 1670rpm。

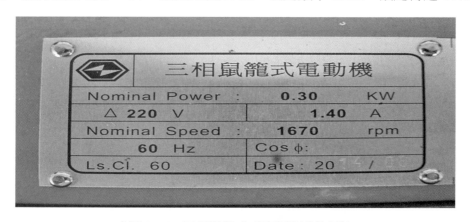

● 圖 2-16　三相鼠籠式感應電動機的名牌

2-11　直流永磁式電機

直流永磁式電機如圖 2-17 所示，A1、A2 是電樞繞組的插孔，由於使用永久磁鐵提供激磁，所以不需要激磁繞組。

在實驗時使用直流永磁式電機當作原動機是相當好的選擇，可讓實驗簡化許多。

右下方綠色接地插孔務必接地，可於機器運轉累積靜電時提供放電路徑，或於漏電時確保安全。

左下方黃色為測量溫升的插孔，暫時不會用到。

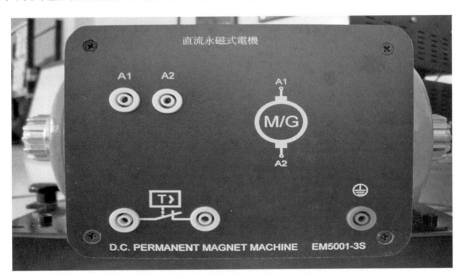

◉圖 2-17　直流永磁式電機

直流永磁式電機的名牌如圖 2-18 所示，顯示其額定功率為 400W，電樞額定電壓180V，額定電流 2.7A，額定轉速 2000rpm。

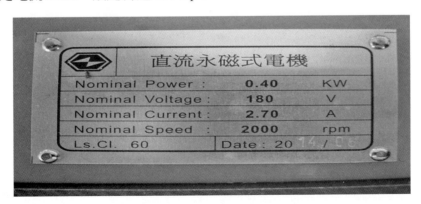

◉圖 2-18　直流永磁式電機的名牌

2-12　耦合器與耦合器護蓋

　　兩部旋轉電機的轉軸可以用耦合器接在一起，如圖 2-19 所示，顯示尚未耦合的照片，兩旁白色金屬是旋轉電機的轉軸，中間黑色是耦合器。

●圖 2-19　兩部旋轉電機尚未耦合的照片

　　如圖 2-20 所示為顯示耦合後的照片，記得要將下方的 2 個黑色旋鈕轉緊，以免運轉中鬆脫造成危險。

●圖 2-20　兩部旋轉電機耦合後的照片

　　如圖 2-21 所示為顯示兩部旋轉電機耦合後，蓋上耦合器護蓋的照片，務必要蓋上耦合器護蓋，以避免運轉中電線、頭髮、領帶或衣物被轉軸捲入，而發生危險。為了方便在不取下耦合器護蓋的情況下測量轉速，特別要求廠商在耦合器護蓋的側面開設測量用的小圓孔。

🔵 圖 2-21　兩部旋轉電機耦合後蓋上耦合器護蓋的照片

　　如圖 2-22 所示，兩部旋轉電機用耦合器接在一起後，左右兩邊的轉軸務必要蓋上轉軸護蓋，以避免萬一運轉中電線、頭髮、領帶或衣物被轉軸捲入，而發生危險。

🔵 圖 2-22　轉軸護蓋只蓋到一半的照片(實驗時要完全蓋上)

2-13 直流發電機負載電阻模組

直流發電機負載電阻模組如圖 2-23 所示,轉動旋鈕可由 1000Ω 變化到 0Ω,額定功率 300W,**使用時務必開啓散熱風扇(後面的插頭要插入 110V 白色插座,前面 FAN 開關要撥到 ON)**,否則很容易發出臭味並燒毀。

右下方綠色接地插孔務必接地,以確保安全。

萬一實驗失誤導致保險絲燒毀,此處的保險絲規格為 2A。

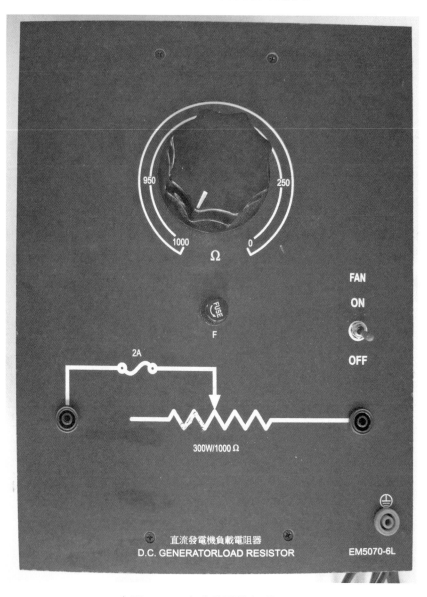

● 圖 2-23　直流發電機負載電阻

2-14 單相變壓器模組

　　單相變壓器模組如圖 2-24 所示，左側為 220V 的高壓繞組，提供 110V(50%)、190V(86.6%)與 220V 的插孔，右側上下則分為 2 個 110V 低壓繞組，若將中間的 0V 與 110V 插孔用導線串接起來，也可得到 110V(50%)、190V(86.6%)與 220V 的插孔。額定容量為 1kVA，高壓側額定電流為 4.5A。**最近要求廠商於側面增設接地插孔，單相實驗時務必接地以增進安全。三相實驗時不要接地，因為會與三相系統原本的接地衝突。**

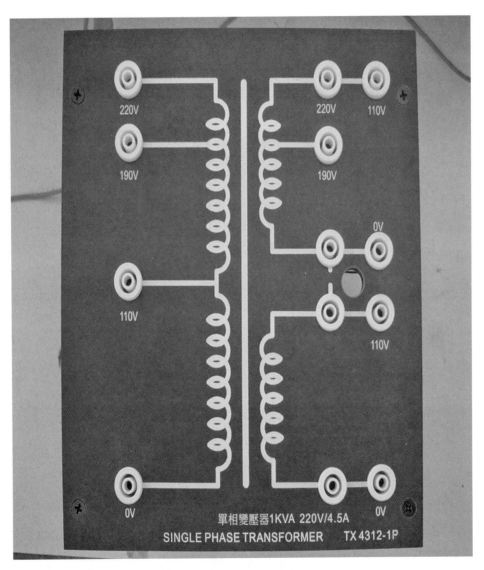

● 圖 2-24　單相變壓器

2-15　三相交直流電源供應器

　　三相交直流電源供應器如圖 2-25 所示，左上方 L1、L2、L3 的 3 個插孔，必須由三相電源供應器的 U、V、W 插孔輸入三相 220V，將左下方開關撥到 ON，使燈亮，可經由轉旋鈕，由右上方的 U、V、W 插孔輸出 0〜260V 的三相電源。由於只是自耦變壓器的功能，所以此處的電壓比較容易因負載變動而跟著變動(需要較穩定交流電壓者，應由三相電源供應器引出)。

　　右邊中間紅色與黑色插孔也可經由轉旋鈕，輸出 0〜220V 的直流電源。由於只是自耦變壓器的功能，所以此處的電壓比較容易因負載變動而跟著變動(需要較穩定直流電壓者應由直流電源供應器引出)。

　　右下方綠色接地插孔務必接地，以確保安全。

　　萬一實驗失誤導致保險絲燒毀，此處的保險絲規格為 10A。

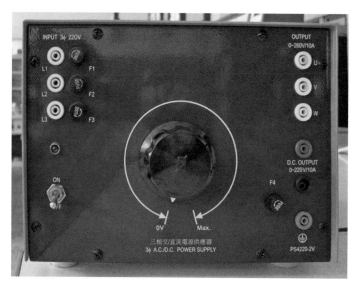

●圖 2-25　三相交直流電源供應器

2-16 交流電壓電流表模組

交流電壓電流表模組如圖 2-26 所示，為數位式電表，需由上方插孔提供交流 110V，下方的±與 600V 為電壓表插孔，±與 10A 為電流表插孔。萬一實驗失誤導致保險絲燒毀，此處的保險絲規格為 10A。注意：交流表 V 與 A 下方為波浪狀符號。

●圖 2-26 交流電壓電流表

2-17　直流電壓電流表模組

　　直流電壓電流表模組如圖 2-27 所示，為數位式電表，需由上方插孔提供交流 110V，下方的＋與 600V 為電壓表插孔，＋與 10A 為電流表插孔。萬一實驗失誤導致保險絲燒毀，此處的保險絲規格為 10A。注意：直流表 V 與 A 下方為水平線符號。

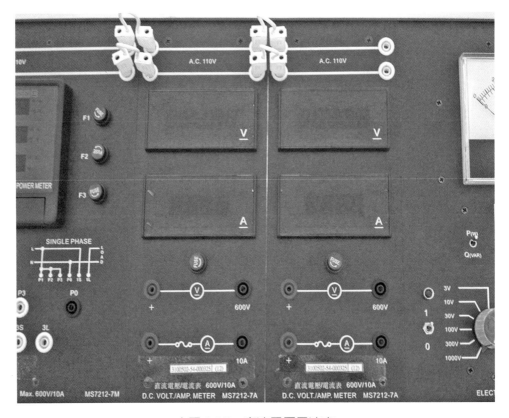

●圖 2-27　直流電壓電流表

2-18　數位式多功能電表模組

　　數位式多功能電表模組如圖 2-28 所示，為數位式電表，需由上方插孔提供交流 110V，可量測三相電壓、電流、功率、功率因數與頻率等。將下方的黑色長條形蓋子掀開，按 ｜DISPLAY｜ 鈕，可循環顯示相電壓(V1、V2、V3)，線電壓(V12、V23、V31)，電流(A1、A2、A3)，實功率、瓦時與功率因數(W、WH、PF)，虛功率、乏時與頻率(VAR、VARH、Hz)，電流、電壓與功率因數(A、V、PF)。其他更詳細之操作方式詳見該表說明書。萬一實驗失誤導致保險絲燒毀，此處的保險絲規格為 10A。

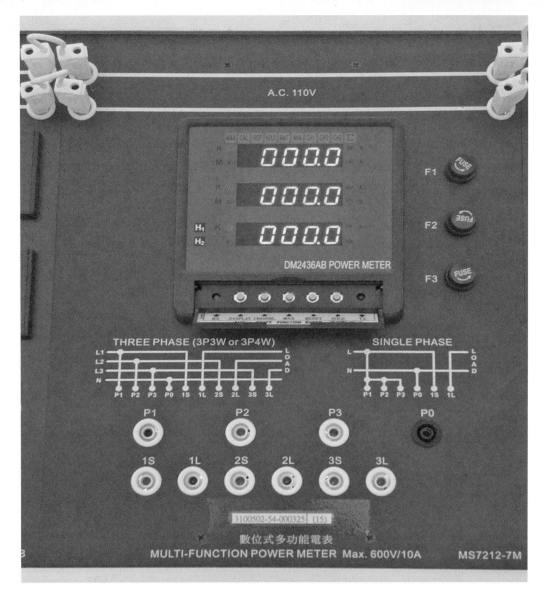

●圖 2-28　數位式多功能電表

2-19　電子式瓦特計模組

電子式瓦特計模組如圖 2-29 所示，**後面的插頭要插入 110V 白色插座**，左下方開關切到 1 讓紅燈亮為開啓電源，切到 0 為關閉電源。

左方開關切到 $P_{(W)}$ 可量測實功率，切到 $Q_{(VAR)}$ 可量測虛功率。

右方紅色 V 與黑色 COM 為電壓插孔，紅色 I 與黑色 COM 為電流插孔。

如果 V_{OVER} 燈亮，表示左下方藍色電壓檔位太小造成過載，不過此表有特殊設計所以指針不會撞毀，只要旋轉改變檔位直到使 V_{OVER} 燈熄滅即可。

如果 I_{OVER} 燈亮，表示右下方藍色電流檔位太小造成過載，不過此表有特殊設計所以指針不會撞毀，只要旋轉改變檔位直到使 I_{OVER} 燈熄滅即可。

為使測量較精確，應儘量讓指針接近滿刻度，先使 V_{OVER} 燈與 I_{OVER} 燈至少一個亮，再旋轉改變檔位直到使 V_{OVER} 燈與 I_{OVER} 燈都熄滅後，檢視目前的電壓檔位與電流檔位，再對照中間的數值表。

例如電壓檔位為 3V 與電流檔位為 0.1A，對應的數值表為 0.3，表示要看下方滿檔是 3 的刻度，如果指針指在 3，實際上是 0.3W。

例如電壓檔位為 300V 與電流檔位為 0.1A，對應的數值表為 30，表示要看下方滿檔是 3 的刻度，表示如果指針指在 3，實際上是 30W。

例如電壓檔位為 3V 與電流檔位為 30A，對應的數值表為 100，表示要看上方滿檔是 10 的刻度，表示如果指針指在 10，實際上是 100W。

例如電壓檔位為 300V 與電流檔位為 3A，對應的數值表為 1000，表示要看上方滿檔是 10 的刻度，表示如果指針指在 10，實際上是 1000W。

● 圖 2-29　電子式瓦特計

2-20　三相電阻負載單元

　　三相電阻負載單元的模組如圖 2-30 所示，上方 L1、L2、L3 的 3 個插孔為其三相連接插孔，將右上方開關切到 ON 即接通，切到 OFF 則切離。

　　左側與右側 S1、S2、S3、S4、S5、S6 任 1 個開關切到 ON，都可以多並聯上一段 770Ω 的電阻負載。

　　右下方綠色接地插孔務必接地，以確保安全。

　　萬一實驗失誤導致保險絲燒毀，此處的保險絲規格為 2A。

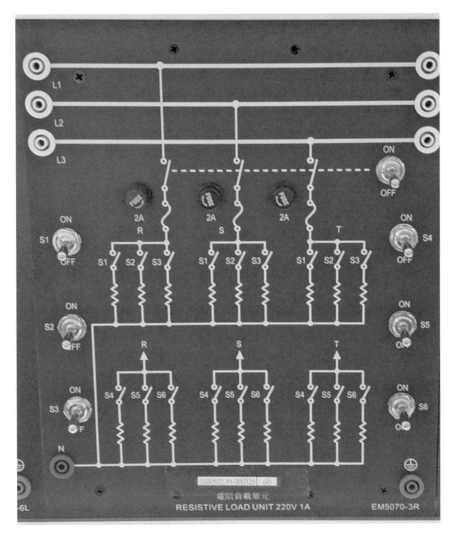

●圖 2-30　三相電阻負載單元

2-21　三相電感負載單元

三相電感負載單元的模組如圖 2-31 所示，上方 L1、L2、L3 的 3 個插孔為其三相連接插孔，將右上方開關切到 ON 即接通，切到 OFF 則切離。

左側與右側 S1、S2、S3、S4、S5、S6 任 1 個開關切到 ON，都可以多並聯上一段 2.2H，於 60Hz 時相當於 830Ω 的電感負載。

右下方綠色接地插孔務必接地，以確保安全。

萬一實驗失誤導致保險絲燒毀，此處的保險絲規格為 2A。

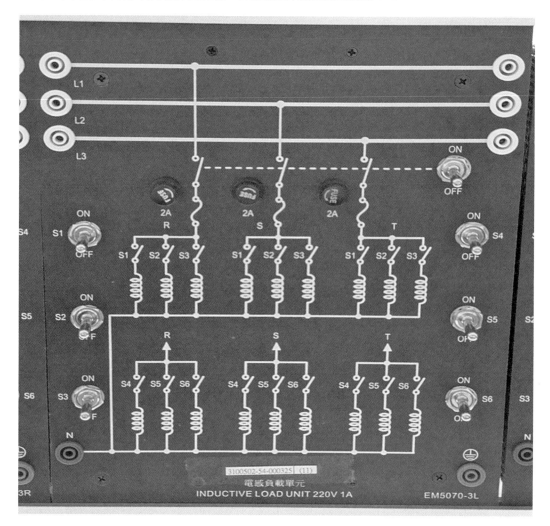

● 圖 2-31　三相電感負載單元

2-22　三相電容負載單元

　　三相電容負載單元的模組如圖 2-32 所示，上方 L1、L2、L3 的 3 個插孔為其三相連接插孔，將右上方開關切到 ON 即接通，切到 OFF 則切離。

　　左側與右側 S1、S2、S3、S4、S5、S6 任 1 個開關切到 ON，都可以多並聯上一段 3.5μF，於 60Hz 時相當於 758Ω 的電容負載。

　　右下方綠色接地插孔務必接地，以確保安全。

　　萬一實驗失誤導致保險絲燒毀，此處的保險絲規格為 2A。

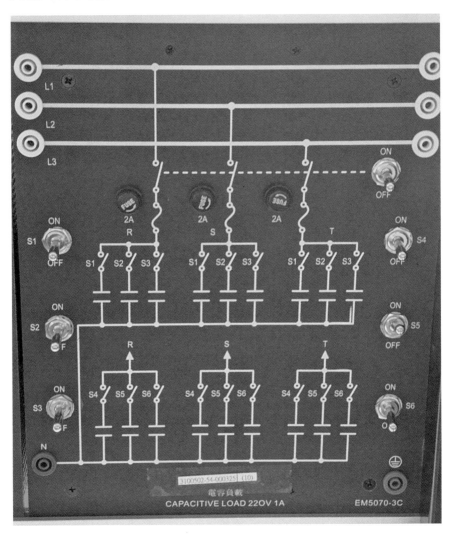

● 圖 2-32　三相電容負載單元

2-23　直流發電機磁場調整器

　　直流發電機磁場調整器的模組如圖 2-33 所示，額定為 50W，2200Ω，下方 S、F 的 2 個插孔為其連接插孔，旋轉旋鈕可於 0Ω～2200Ω 間調整。

　　萬一實驗失誤導致保險絲燒毀，此處的保險絲規格為 0.2A。

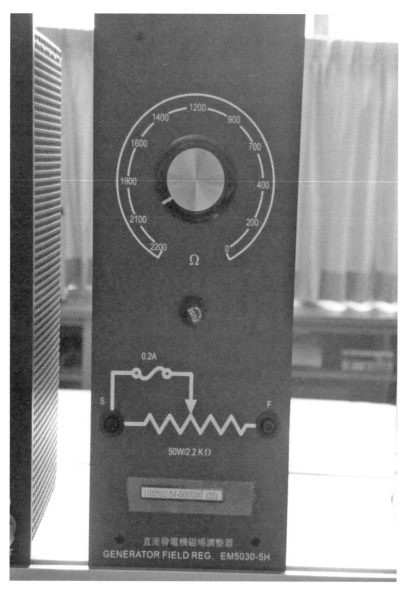

●圖 2-33　直流發電機磁場調整器

2-24　同步信號指示燈組

　　同步信號指示燈組的模組如圖 2-34 所示，左方 3 個插孔接第 1 部三相同步發電機，右方 3 個插孔接第 2 部三相同步發電機或市電，上方 3 個燈可幫助指示是否達到同步而可以並聯。建議使用時將燈罩取下較能清楚看出燈泡的明暗。

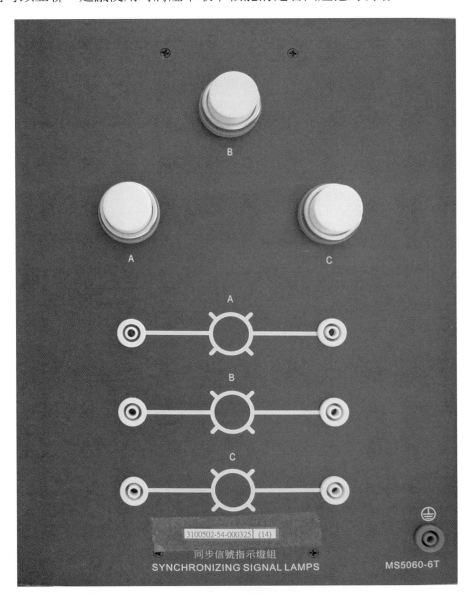

●圖 2-34　同步信號指示燈組

2-25 四極切換開關

四極切換開關的模組如圖 2-35 所示,下方開關若切到 OFF 會使左方 L1、L2、L3 的 3 個插孔與藍色接地 N 插孔和右方 U、V、W 的 3 個插孔與藍色接地 N 插孔斷開; 下方開關若切到 ON 會使左方 L1、L2、L3 的 3 個插孔與藍色接地 N 插孔和右方 U、V、W 的 3 個插孔與藍色接地 N 插孔導通。

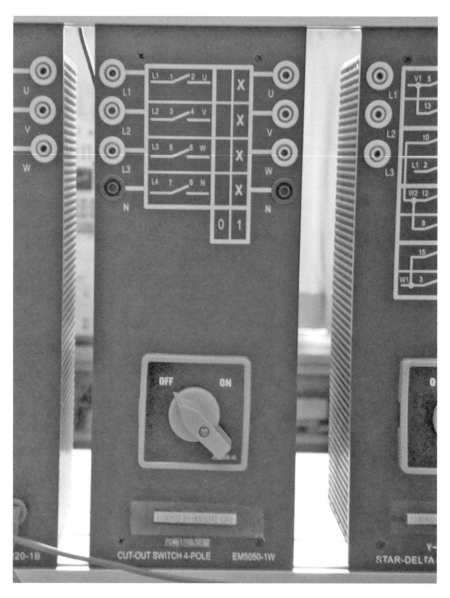

●圖 2-35 四極切換開關

2-26　Y－△啟動開關

　　Y－△啟動開關的模組如圖 2-36 所示，下方開關切到 0 會使左方 L1、L2、L3 的 3 個插孔和右方 U1、V1、W1、U2、V2、W2 的 6 個插孔斷開；下方開關若切到 1 會使左方 L1、L2、L3 的 3 個插孔和右方 U1、V1、W1、U2、V2、W2 的 6 個插孔導通並呈 Y 接；下方開關若切到 2 會使左方 L1、L2、L3 的 3 個插孔和右方 U1、V1、W1、U2、V2、W2 的 6 個插孔導通並呈△接。

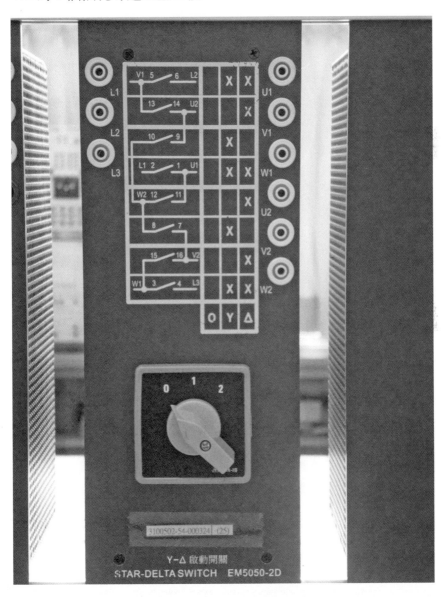

● 圖 2-36　Y－△啟動開關

2-27　直流電動機啓動器

　　直流電動機啓動器的模組如圖 2-37 所示，額定為 120W，47Ω，下方 S、A 的 2 個插孔為其連接插孔，旋轉旋鈕可於 0Ω～47Ω 間調整。

　　萬一實驗失誤導致保險絲燒毀，此處的保險絲規格為 3A。

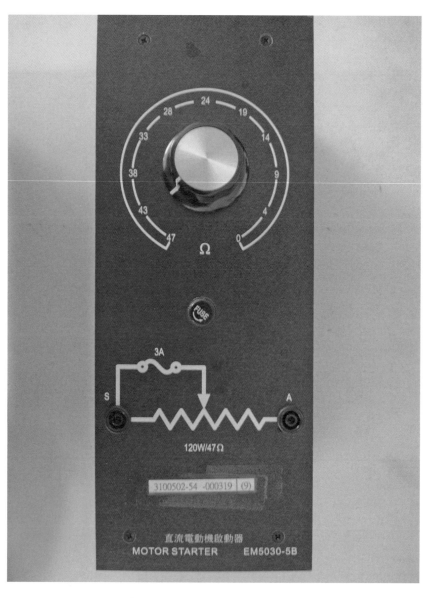

● 圖 2-37　直流電動機啓動器

2-28 燈泡負載模組

　　燈泡負載模組如圖 2-38 所示，可分 3 段，每段增加並聯 1 個燈泡，建議使用 220V，100W 燈泡 3 個，220V，60W 燈泡 3 個，220V，40W 燈泡 3 個，220V，10W 燈泡 3 個，共 4 個燈泡負載模組 12 個燈泡。為避免老舊或被碰傷有裂痕的燈泡於實驗中炸裂造成危險，建議將燈泡移到面板後方，並加裝防護鐵網。

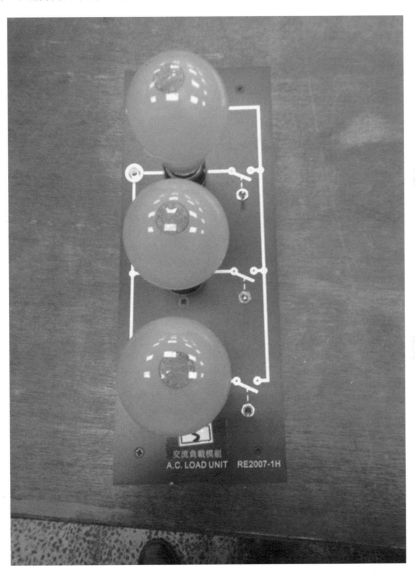

● 圖 2-38　燈泡負載模組

CHAPTER 3

單相變壓器極性實驗

　　通常單相變壓器有 4 個端點，高壓側繞組的兩個端點習慣以 H_1、H_2 標示，低壓側繞組的兩個端點則習慣以 X_1、X_2 標示。有時變壓器在使用時，必須將兩個以上的變壓器串聯(提高電壓)或並聯(提高電流)，因此，必須知道變壓器的極性，以免發生錯誤或危險。所謂"極性"指的是當高壓側的 H_1 為正電極，H_2 為負電極時，感應在低壓側的電壓，其正電極是在 X_1 或 X_2？理論上，在畫變壓器符號時，常常使用如圖 3-1 所示的黑點標示法，如果黑點如圖 3-1 所示，則表示 H_1 和 X_1 同為正電極或同為負電極，換句話說，H_1 和 X_1 為同極性。判斷變壓器的極性是很重要的，因為如果極性接錯了，就無法達到所要的需求了。例如，我們有 2 個 110V/12V 的變壓器，可是，我們需要 24V 的應用，又剛好有 220V 的電源，則可用串聯的方式達成。但是，如果極性錯了，如圖 3-2 所示，H_1 和 X_1 同極性，且 H'_1 和 X'_1 同極性，結果得到的是 0V 的輸出，如果把 X'_1 和 X'_2 互換，使極性正確，才能得到我們所需要的 24V 輸出。一般可用感應法或加減法來判斷變壓器的極性。

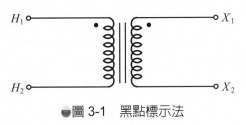

●圖 3-1　黑點標示法

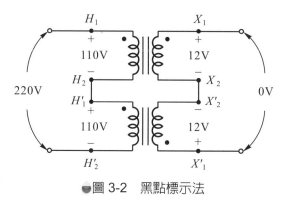

●圖 3-2　黑點標示法

目的▶　判斷出變壓器的極性，以便在串聯或並聯應用時做出正確的連接。

3-1　感應法

所需設備

1. 直流電源供應器 1 個。
2. 單相變壓器 1 個。
3. 直流電壓電流表 1 個。
4. 直流電動機啓動器 1 個。
5. 四極切換開關 1 個。
6. 傳統指針式直流電壓表 1 個(非本套設備內的項目，需另外購買)。
7. 三相電源供應器 1 個(此單元不必接線，因爲廠商已經於內部接線由此單元供電給直流電源供應器，所以若無此單元將無法動作)。

實驗步驟

感應法因爲使用直流電源所以又稱爲直流法。

感應法接線示意圖如圖 3-3 所示，使用直流電壓表 V_1 將直流電源 V_{dc} 預設一個小的電壓值，例如 10V。爲了避免瞬間過電流所以加入限流電阻，當開關 SW 被切爲 ON 的瞬間，小的電壓值突然加於變壓器上，會瞬間感應電壓，所以可以用這瞬間感應的電壓來判斷變壓器的極性。

因爲是用瞬間感應的電壓來判斷變壓器的極性所以稱爲感應法。

　　需注意，感應的電壓只在開關 *SW* 被切爲 ON 的瞬間發生，隨後會立刻消失，所以必須指派一位同學全程盯著傳統指針式直流電壓表 V_2，注意觀察指針的偏轉方向，才能正確判斷變壓器的極性。

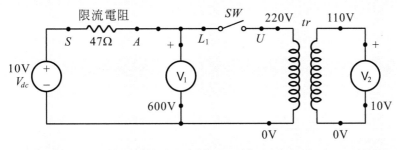

●圖 3-3　感應法示意圖

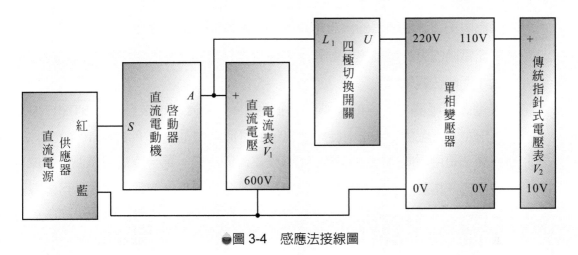

●圖 3-4　感應法接線圖

實驗步驟

1.　將所有電源開關切到 OFF 或 0 位置。

2.　將所有可變電阻開關切到 OFF 或電阻值最大的位置。

3.　連接所有數位電表上方 AC110V 插孔，提供數位電表 AC110V 電源。

4.　連接所有綠色接地插孔，提供接地保護，提高實驗安全性。

5.　接線如圖 3-4。

請注意 直流電源供應器必須接位於下方之 DC 0 ～240V　10Amax 的紅色與藍色接點才能調整直流輸出的值。

請注意▶感應法是用瞬間感應的電壓來判斷變壓器的極性，萬一極性與預測的相反，會使傳統指針式直流電壓表的指針反轉，若瞬間感應的電壓太大，可能會使反轉的指針撞斷，所以，傳統指針式直流電壓表應該接在單相變壓器的低壓側，才能得到比較小的瞬間感應電壓。

請注意▶傳統指針式直流電壓表使用前應該先歸零，否則萬一極性與預測的相反，會使傳統指針式直流電壓表的指針反轉，如果沒有歸零，可能看不出是反轉。

6. 開電源(將實驗室電源總開關、實驗桌三相電源開關、實驗桌單相電源開關、交流電源盤三相電源開關、交流電源盤單相電源開關都切到 ON，按下三相電源供應器綠色①按鈕)。

7. 將直流電動機啟動器設定為 47Ω。

請注意▶因為直流電源供應器的預設電壓很小，瞬間感應的電壓也很小，所以，做為限流電阻的直流電動機啟動器不要設太大的電阻，否則會使瞬間感應的電壓太小而無法觀察。

8. 將直流電源供應器左上方的旋轉開關扳到 "1" 位置，再按紅色 START 按鈕，再用左下方藍色 Vadj 旋鈕調整，使直流電壓電流表 V_1 顯示 10V。

請注意▶感應法是用瞬間感應的電壓來判斷變壓器的極性，萬一極性與預測的相反，會使傳統指針式直流電壓表的指針反轉，若瞬間感應的電壓太大，可能會使反轉的指針撞斷，所以，直流電源供應器的預設電壓不要設太大，建議預設為 10V，避免得到太大的瞬間感應電壓。

9. 將四極切換開關切到 ON，同時觀察並記錄傳統指針式直流電壓表的指針轉向，如果傳統指針式直流電壓表的指針為正轉，則表示單相變壓器 220V 接點與 110V 接點為同極性。

請注意▶感應的電壓只在四極切換開關被切為 ON 的瞬間發生，隨後會立刻消失，所以必須指派一位同學全程盯著傳統指針式直流電壓表 V_2，注意觀察指針的偏轉方向，才能正確判斷變壓器的極性。

說明▶加入直流的瞬間，因電流突然流入，故磁通量($\Phi = NI$)也突然產生變化，所以會感應電壓($V = d\Phi/dt$)但當加入的直流穩定後，電流 I 為常數，匝數 N 也是常數，故 Φ 也固定，則 $V = d\Phi/dt = 0$，所以不會感應電壓。

10. 關電源(按下三相電源供應器紅色◎按鈕)。
11. 將所有電源開關切到 OFF 或 0 位置。
12. 將所有可變電阻開關切到 OFF 或電阻值最大的位置。
13. 填寫維護卡。

3-2　加減法

💡所需設備

1. 三相交直流電源供應器 1 個。
2. 單相變壓器 1 個。
3. 交流電壓電流表 2 個。
4. 三相電源供應器 1 個。

💡實驗說明

　　加減法因為使用交流電源所以又稱為交流法。

　　加減法電壓相減接線示意圖如圖 3-5 所示，使用交流電壓表 V_1 將交流電源 V_{ac} 預設一個電壓值，例如 60V，因單相變壓器 220V 的端點與 110V 的端點同極性，所以在某一瞬間 110V 的端點感應的電壓將如圖 3-5 所示，故交流電壓表 V_2 顯示 60V – 30V = 30V。

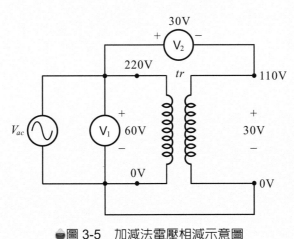

圖 3-5　加減法電壓相減示意圖

　　加減法電壓相加接線示意圖如圖 3-6 所示，使用交流電壓表 V_1 將交流電源 V_{ac} 預設一個電壓值，例如 60V，因單相變壓器 220V 的端點與 110V 的端點同極性，所以在某一瞬間 110V 的端點感應的電壓將如圖 3-6 所示，故交流電壓表 V_2 顯示 60V + 30V = 90V。

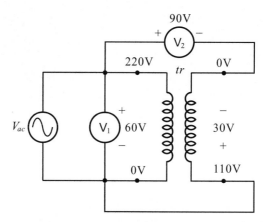

● 圖 3-6　加減法電壓相加示意圖

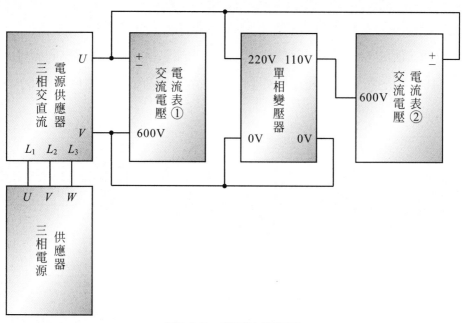

● 圖 3-7　加減法接線圖

☀️實驗步驟

1. 將所有電源開關切到 OFF 或 0 位置。

2. 將所有可變電阻開關切到 OFF 或電阻值最大的位置。

3. 連接所有數位電表上方 AC110V 插孔,提供數位電表 AC110V 電源。

4. 連接所有綠色接地插孔,提供接地保護,提高實驗安全性。

5. 接線如圖 3-7 所示。

6. 開電源(將實驗室電源總開關、實驗桌三相電源開關、實驗桌單相電源開關、交流電源盤三相電源開關、交流電源盤單相電源開關都切到 ON,按下三相電源供應器綠色①按鈕)。

7. 將三相交直流電源供應器的開關切到 ON,再轉動旋鈕使交流電壓電流表①顯示 60V,並記錄交流電壓電流表②的電壓值。

8. 關電源(按下三相電源供應器紅色◎按鈕)。

9. 將所有電源開關切到 OFF 或 0 位置。

10. 將所有可變電阻開關切到 OFF 或電阻值最大的位置。

11. 填寫維護卡。

CHAPTER 4

單相變壓器開路實驗

在變壓器的應用中，常常需要知道輸入與輸出的電壓、電流或功率等，因此，在計算與分析之前，必需先將變壓器的等效電路求出，以方便往後的應用。變壓器的近似等效電路，如圖 4-1 所示。其中 R_1、R_2、R_{eg} 分別代表一、二次側繞組的電阻與合成等效電阻 $R_{eg} = R_1 + a^2R_2$，而 X_1、X_2、X_{eg} 分別代表一、二次側繞組的電抗與合成等效電抗 $X_{eg} = X_1 + a^2X_2$，其中 a 乃匝數比，R_c 則代表形成渦流損和磁滯損的效應，而渦流損和磁滯損則合稱鐵心損失，簡稱鐵損。X_m 則代表磁化效應。

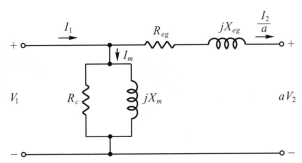

●圖 4-1　變壓器以一次側為基準的近似等效電路，其中 $a = V_1/V_2$ 為匝數比

當變壓器二次側開路時 $\dfrac{I_2}{a} = 0$，則輸入電流 $I_1 = I_m$，因此輸入實功率 W_1 即為鐵損，而 $W_1 = \dfrac{V_1^2}{R_c}$，故 $R_c = \dfrac{V_1^2}{W_1}$。

而且由輸入端看到的等效導納

$$y = \frac{I_1}{V_1} = \frac{1}{R_c} + \frac{1}{jX_m} = \frac{1}{R_c} - j\frac{1}{X_m}$$

則

$$y^2 = \left(\frac{1}{R_c}\right)^2 + \left(\frac{1}{X_m}\right)^2$$

故

$$\frac{1}{X_m} = \sqrt{y^2 - \left(\frac{1}{R_c}\right)^2}$$

即

$$X_m = \frac{1}{\sqrt{\left(\frac{I_1}{V_1}\right)^2 - \left(\frac{1}{R_c}\right)^2}}$$

且功率因數 $\cos\theta = W_1/V_1 I_1$。

　　由以上推導可知，將變壓器的二次側開路，量出一次側輸入的電壓、電流及實功率，則可算出該變壓器等電路中的 R_c 及 X_m，一般將此實驗稱為變壓器的開路實驗。而在實驗中，為了量出一次側輸入的電壓、電流及實功率，因此必需加入電壓表、電流表與瓦特表。

目的　求變壓器等效電路中的 R_c 及 X_m，即求變壓器的鐵損。

所需設備

1. 三相電源供應器 1 個。
2. 三相交直流電源供應器 1 個。
3. 單相變壓器 1 個。
4. 交流電壓電流表 1 個。
5. 數位式多功能電表 1 個。

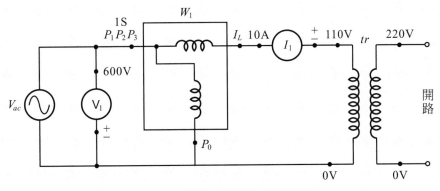

●圖 4-2　變壓器開路實驗示意圖

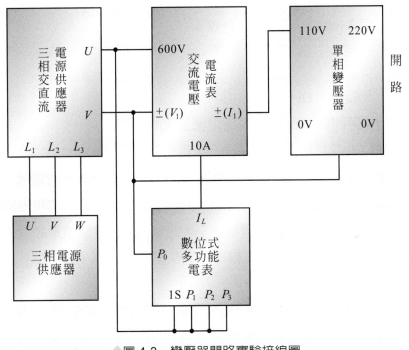

●圖 4-3　變壓器開路實驗接線圖

實驗說明

　　單相變壓器開路實驗接線示意圖，如圖 4-2 所示，紀錄 V_1、I_1 與 W_1 代入上述公式就可計算出 R_c 與 X_m。

請注意 不可使用電子式瓦特表或一般瓦特表取代數位式多功能電表，否則將因為適用的功率因素範圍不符合而出現太大的誤差，使實驗數據不合理。

　　接線如圖 4-2 所示。

請注意 由圖 4-1 所示，因 $\dfrac{I_2}{a} = 0$，$I_1 = I_m$，但 R_c 和 X_m 的值一般都很大，故 I_1 為很小的值(遠小於額定電流)，故電流表須接在最靠近變壓器的位置以減少誤差。且瓦特表和電壓表位置不可互換，以免瓦特表的電流線圈流過的電流有太大的誤差。

說明 因鐵損和電壓平方成正比，而變壓器一般皆在額定電壓的狀況下使用，因此，必需加額定電壓。但是，高壓側的額定電壓可能太高而不易在實驗室取得，所以，一般開路實驗由低壓側輸入。

請注意 因 X_m 的高電感值使 I_1 嚴重落後 V_1，使功率因數變得很差，因此，必需使用低功率因數($\cos\theta = 0.2$)的瓦特表。

實驗步驟

1.　將所有電源開關切到 OFF 或 0 位置。
2.　將所有可變電阻開關切到 OFF 或電阻值最大的位置。
3.　連接所有數位電表上方 AC 110V 插孔，提供數位電表 AC 110V 電源。
4.　連接所有綠色接地插孔，提供接地保護，提高實驗安全性。
5.　接線如圖 4-3 所示。
6.　開電源(將實驗室電源總開關、實驗桌三相電源開關、實驗桌單相電源開關、交流電源盤三相電源開關、交流電源盤單相電源開關都切到 ON，按下三相電源供應器綠色①按鈕)。
7.　將三相交直流電源供應器的開關切到 ON，再轉動旋鈕使交流電壓電流表顯示 110V，並記錄交流電壓電流表的電流值與數位式多功能電表的瓦特值。
8.　關電源(按下三相電源供應器紅色◎按鈕)。
9.　將所有電源開關切到 OFF 或 0 位置。
10.　將所有可變電阻開關切到 OFF 或電阻值最大的位置。
11.　填寫維護卡。

CHAPTER 5

單相變壓器短路實驗

將第 4 章圖 4-1 以一次側為基準的變壓器等效電路，改為以二次側為基準，則如圖 5-1 所示。

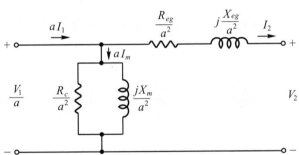

●圖 5-1 變壓器以二次側為基準的近似等效電路，其中 $a = V_1/V_2$ 為匝數比

若將一次側短路，且由二次側輸入電源，則 $aI_m = 0$，圖 5-1 可化簡為圖 5-2，其中 aI_1 和 I_2 的箭頭反向，以配合實際電流方向。

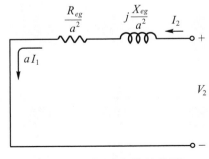

●圖 5-2 短路實驗等效圖

　　單相變壓器短路實驗接線示意圖如圖 5-3 所示，由圖 5-2 可知，輸入的實功率 W_2 即為銅損，而 $W_2 = (I_2^2)\left(\dfrac{R_{eg}}{a^2}\right)^2$，故 $R_{eg} = a^2\left(\dfrac{W_2}{I_2^2}\right)$，而且，由輸入端看到的阻抗

$Z = \dfrac{V_2}{I_2} = \dfrac{R_{eg}}{a^2} + j\dfrac{X_{eg}}{a^2}$，則 $Z^2 = \left(\dfrac{R_{eg}}{a^2}\right)^2 + \left(\dfrac{X_{eg}}{a^2}\right)^2$，故

$$\dfrac{X_{eg}}{a^2} = \sqrt{Z^2 - \left(\dfrac{R_{eg}}{a^2}\right)^2}$$

故

$$X_{eg} = a^2\sqrt{\left(\dfrac{V_2}{I_2}\right)^2 - \left(\dfrac{R_{eg}}{a^2}\right)^2}$$

且功率因數 $\cos\theta = \dfrac{W_2}{V_2 I_2}$ 。

　　由以上推導可知，將變壓器的一次側短路，量出二次側輸入的電壓、電流及實功率，則可算出該變壓器等效電路中的 R_{eq} 及 X_{eq}，一般將此實驗稱為變壓器的短路實驗。而在實驗中，為了量出二次側輸入的電壓、電流及實功率，因此必需加入電壓表、電流表與瓦特表。

目的　求變壓器等效電路中的 R_{eq} 及 X_{eq}，即求變壓器的銅損。

所需設備

1. 三相電源供應器 1 個。
2. 三相交直流電源供應器 1 個。
3. 單相變壓器 1 個。
4. 交流電壓電流表 1 個。
5. 電子式瓦特計 1 個。

實驗說明

　　單相變壓器短路實驗接線示意圖如圖 5-3 所示，紀錄 V_2、I_2 與 W_2，代入上述公式就可計算出 R_{eq} 與 X_{eq}。

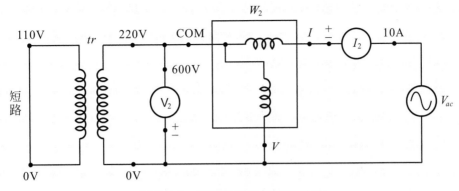

● 圖 5-3 變壓器短路實驗示意圖

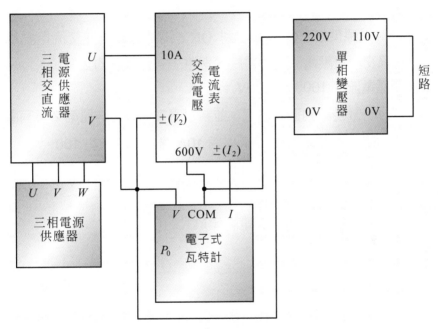

● 圖 5-4 變壓器短路實驗接線圖

實驗步驟

1. 將所有電源開關切到 OFF 或 0 位置。

2. 將所有可變電阻開關切到 OFF 或電阻值最大的位置。

3. 連接所有數位電表上方 AC 110V 插孔，提供數位電表 AC 110V 電源。

4. 連接所有綠色接地插孔，提供接地保護，提高實驗安全性。

5. 接線如圖 5-4 所示。

請注意 因為 V_2 為很小的值(遠小於額定電壓),因此,電壓表必需接在最靠近變壓器的位置,以減少誤差,而且瓦特表和電流表位置不可互換,以免瓦特表的電壓線圈量到的電壓有太大的誤差。

說明 因為銅損和電流平方成正比,一般以額定負載時的銅損為基準,因此,必需加入額定電流。但是,低壓側的額定電流可能太大,而不易在實驗室取得,所以一般短路實驗由高壓側輸入。

6. 開電源(將實驗室電源總開關、實驗桌三相電源開關、實驗桌單相電源開關、交流電源盤三相電源開關、交流電源盤單相電源開關都切到 ON,按下三相電源供應器綠色①按鈕)。

7. 將三相交直流電源供應器的開關切到 ON,再轉動旋鈕使交流電壓電流表顯示 4.5A,並記錄交流電壓電流表的電壓值與電子式瓦特計的瓦特值。

說明 高壓側額電流為 1000VA/220V = 4.5A。

請注意 電子式瓦特計須調到適當檔位,並乘以適當倍率,詳見第 2 章有關電子式瓦特計的說明。本實驗約為 30V 檔與 10A 檔,倍率約為 100。

8. 關電源(按下三相電源供應器紅色◎按鈕)。

9. 將所有電源開關切到 OFF 或 0 位置。

10. 將所有可變電阻開關切到 OFF 或電阻值最大的位置。

11. 填寫維護卡。

CHAPTER 6

單相變壓器負載實驗

　　使用變壓器的目的，除了將電源電壓變換成負載所須的電壓之外，也必須將電源提供的能量，盡可能的供應給負載使用。然而，變壓器本身也會有損失，一部份是因為交變磁場在鐵心產生的磁滯損和渦流損，合稱為鐵損。因為鐵損和電壓平方成正比，而變壓器通常是在額定電壓的狀況下使用，因此，鐵損幾乎為一固定值，所以又稱為固定損。另一部份的損失則是因為負載電流 I_2 流過變壓器的繞組，由繞組電阻 R 所產生的 I_2^2R 的損失，稱為銅損。因為負載電流的大小隨負載不同而變動，故銅損也會隨負載不同而變動，所以又稱為變動損。再者當變壓器在不同的負載狀況下，其效率也不一樣。而變壓器，尤其是電力變壓器，經常是全天候，甚至全年無休的在使用，因此，若設計不當，造成變壓器一直在低效率點工作所造成額外的損失，累積起來將非常可觀，所以必須了解一部變壓器在什麼負載狀況下會有最高效率，以便做適當的設計，才能減少不必要的損失。

　　假設變壓器的輸出為 $W_2 = V_2I_2\cos\theta$，V_2 及 I_2 分別為負載電壓及電流，θ 為 V_2 及 I_2 的夾角。因此，變壓器的輸入 W_1 =輸出+損失= W_2 +變動損+固定損= $V_2I_2\cos\theta + I_2^2R$ + 固定損。則效率 η =輸出除以輸入= $\dfrac{W_2}{W_1} = \dfrac{V_2I_2\cos\theta}{V_2I_2\cos\theta + I_2^2R + 固定損}$，要求出變壓器在負載電流 I_2 等於多少時會有最高效率，可將效率 η 對 I_2 偏微分後令其為零，而求出 η 的

極值。即令 $\dfrac{d\eta}{dI_2} = 0$，可解得當變動損等於固定損時，可使變壓器有最高效率。因此，在設計變壓器的工作點時，應儘可能設計負載電流 I_2 的值，使變動損儘可能接近固定損，以降低不必要的損失。

另一方面，當負載電流增加時也會使電壓下降，所以我們必須了解在所須的負載電流下，電壓的值是否仍可滿足負載的需求？此一要求通常以電壓調整率 VR 小於 5% 或 10% 為電壓的限制條件。

$$VR = \frac{無載電壓 - 滿載電壓}{滿載電壓} \times 100\% = \frac{V_{nl} - V_{fl}}{V_{fl}} \times 100\%$$

在實驗中，為了量出 W_1、W_2、V_2、I_2，並印證 $\dfrac{V_1}{V_2} = \dfrac{I_2}{I_1}$ 的關係，因此必須加入瓦特表、電壓表及電流表。

目的 求出變壓器在各種負載狀況下的效率及電壓調整率。

所需設備

1. 三相電源供應器 1 個。
2. 三相交直流電源供應器 1 個。
3. 單相變壓器 1 個。
4. 交流電壓電流表 2 個。
5. 電子式瓦特計 2 個。
6. 燈泡負載 4 個。

實驗說明

單相變壓器負載實驗接線示意圖如圖 6-1 所示，紀錄 V_1、I_1、W_1、V_2、I_2 與 W_2，代入上述公式就可計算出效率與電壓調整率。

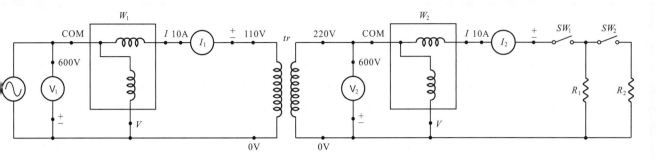

●圖 6-1　變壓器負載實驗示意圖

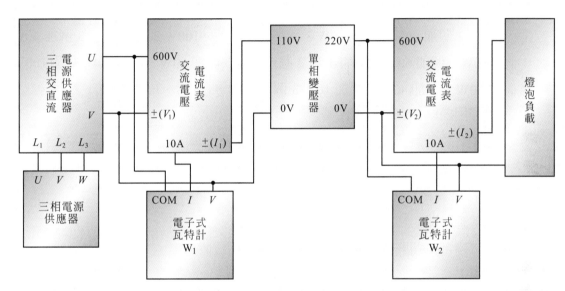

●圖 6-2　變壓器負載實驗接線圖

實驗步驟

1. 將所有電源開關切到 OFF 或 0 位置。
2. 將所有可變電阻開關切到 OFF 或電阻值最大的位置。
3. 連接所有數位電表上方 AC110V 插孔，提供數位電表 AC110V 電源。
4. 連接所有綠色接地插孔，提供接地保護，提高實驗安全性。
5. 接線如圖 6-2 所示。

說明▶ 待測電壓幾乎固定在額定值，但待測電流可能在零和額定值間變動，為了避免在低電流時造成電流表和瓦特表的電流線圈發生太大的誤差，因此，電壓表、電流表和瓦特表位置不可互換。

說明▶ 因高壓側額定電流較小，可使負載箱 I_2^2R 發熱較少，故以高壓側接負載。

6. 開電源(將實驗室電源總開關、實驗桌三相電源開關、實驗桌單相電源開關、交流電源盤三相電源開關、交流電源盤單相電源開關都切到 ON，按下三相電源供應器綠色①按鈕)。

7. 將三相交直流電源供應器的開關切到 ON，再轉動旋鈕，使交流電壓電流表 V_1 顯示 110V，並記錄交流電壓電流表 V_2 的電壓值，此時為無載狀況，故此時的 V_2 就是無載電壓。

8. 調整使燈泡負載分別為 100W 1 個，100W 2 個，100W 3 個，100W 3 個加 60W 1 個，100W 3 個加 60W 2 個，100W 3 個加 60W 3 個，100W 3 個加 60W 3 個加 40W 1 個，100W 3 個加 60W 3 個加 40W 2 個，100W 3 個加 60W 3 個加 40W 3 個，100W 3 個加 60W 3 個加 40W 3 個加 10W 3 個，紀錄 W_1、W_2、V_1、V_2、I_1、I_2。

說明▶ 負載用並聯，以降低電阻值。

請注意▶ 電子式瓦特計須調到適當檔位，並乘以適當倍率，詳見第 2 章有關電子式瓦特計的說明。

9. 關電源(按下三相電源供應器紅色◎按鈕)。

10. 將所有電源開關切到 OFF 或 0 位置。

11. 將所有可變電阻開關切到 OFF 或電阻值最大的位置。

12. 填寫維護卡。

CHAPTER 7

三相 Y−Y 接變壓器負載實驗

由於電力系統是三相的，所以經常需要使用三相變壓器，有些三相變壓器製作成一個整體的單元，有些三相變壓器則是用 3 個可個別獨立使用的單相變壓器組成，不論是哪一種，在分析時都可視爲是由 3 個單相變壓器組成。

三相變壓器依據 3 個單相變壓器高低壓兩側的接法是 Y 接或 Δ 接，可分成 Y−Y 接，Y−Δ 接，Δ−Y 接與 Δ−Δ 接。

由於 Y−Y 接三相變壓器在高低壓兩側都能提供中性點接地，是常用的一種接法，本實驗分別以三相純電阻負載，三相電阻電感負載，以及三相電阻電容負載來呈現 Y−Y 接三相變壓器在不同負載的特性差異。

當負載爲純電阻，理論上功率因數等於 1，但是實際上在做實驗的時候，因爲電阻本身以及電表等儀器也會有少許的電感性，所以測得的功率因數只會很接近 1，但是不會剛剛好等於 1。

當負載爲電阻與電感的組合，理論上功率因數小於 1，而且是落後的功率因數，電感性愈強則功率因數愈小。

當負載爲電阻與電容的組合，理論上功率因數小於 1，而且可能是超前的功率因數，電容性愈強則功率因數愈小，愈有可能超前。

請注意 數位式多功能電表對於超前的功率因數是用負數呈現，例如−0.2 表示功率因數是 0.8 超前，−0.25 表示功率因數是 0.75 超前。

目的　求出 Y－Y 接三相變壓器在不同負載的效率與功率因數。

所需設備

1.　三相電源供應器 1 個。
2.　數位式多功能電表 2 個。
3.　單相變壓器 3 個。
4.　三相電阻負載單元 1 個。
5.　三相電感負載單元 1 個。
6.　三相電容負載單元 1 個。

實驗說明

　　三相 Y－Y 接變壓器負載實驗接線示意圖如圖 7-1 所示，用 2 個三相電表分別量測輸入與輸出的電壓、電流與功率等數據，就可計算出效率與電壓調整率。

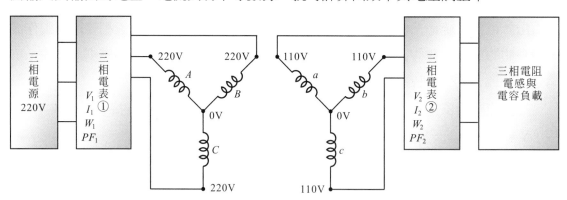

●圖 7-1　三相 Y－Y 接變壓器負載實驗示意圖

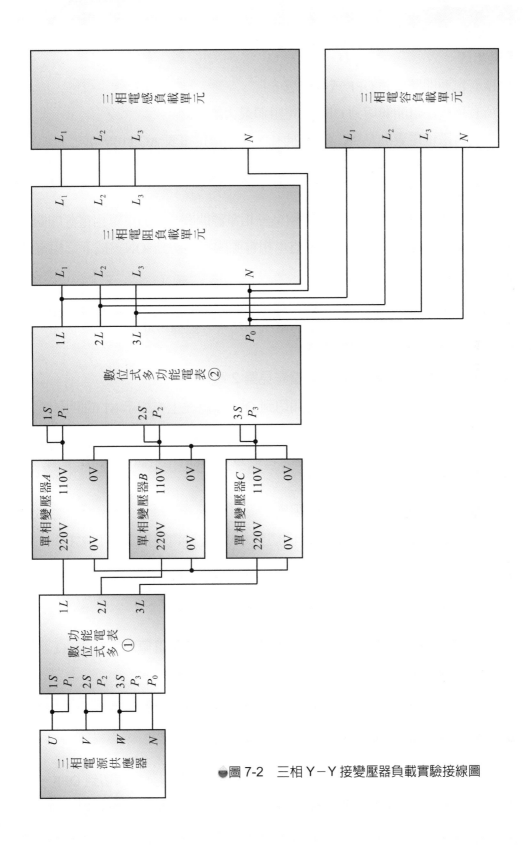

●圖 7-2　三相 Y－Y 接變壓器負載實驗接線圖

☼ 實驗步驟

1. 將所有電源開關切到 OFF 或 0 位置。

2. 將所有可變電阻開關切到 OFF 或電阻值最大的位置。

3. 連接所有數位電表上方 AC 110V 插孔，提供數位電表 AC 110V 電源。

4. 連接所有綠色接地插孔，提供接地保護，提高實驗安全性。

5. 接線如圖 7-2 所示。

6. 開電源(將實驗室電源總開關、實驗桌三相電源開關、實驗桌單相電源開關、交流電源盤三相電源開關、交流電源盤單相電源開關都切到 ON，按下三相電源供應器綠色①按鈕)。

7. 開電源後三相電源供應器的 U、V、W 將提供 220V，切換數位式多功能電表的檔位，分別記錄輸入與輸出的電壓、電流、功率等數據，此時為無載狀況，故此時的 V_2 就是無載電壓。

請注意 數位式多功能電表的檔位調整詳見第 2 章。

8 將三相電阻負載單元右上方的開關切到 ON，並將左上方標示 S1 的開關切到 ON，此時電阻值為 770Ω，紀錄電壓、電流、功率等數據。

9. 將三相電阻負載單元標示 S2 的開關切到 ON，此時電阻值為 770Ω 並聯 770Ω，紀錄電壓、電流及功率等數據。

說明 負載用兩個並聯，以降低電阻值。

10. 將三相電阻負載單元標示 S3 的開關切到 ON，此時電阻值為 3 個 770Ω 並聯，紀錄電壓、電流及功率等數據。

11. 將三相電阻負載單元標示 S4 的開關切到 ON，此時電阻值為 4 個 770Ω 並聯，紀錄電壓、電流及功率等數據。

12. 將三相電阻負載單元標示 S5 的開關切到 ON，此時電阻值為 5 個 770Ω 並聯，紀錄電壓、電流及功率等數據。

13. 將三相電阻負載單元標示 S6 的開關切到 ON，此時電阻值為 6 個 770Ω 並聯，紀錄電壓、電流及功率等數據。

說明 以上為三相純電阻負載。

14. 將三相電阻負載單元標示 S2、S3、S4、S5、S6 的開關全部都切到 OFF，再將三相電感負載單元右上方的開關切到 ON，並將左上方標示 S1 的開關切到 ON，此時負載為 770Ω 電阻並聯 830Ω 電感，紀錄電壓、電流及功率等數據。

15. 將三相電阻負載單元標示 S2 的開關切到 ON，此時負載為 2 個 770Ω 電阻並聯 830Ω 電感，紀錄電壓、電流及功率等數據。

16. 將三相電阻負載單元標示 S3 的開關切到 ON，此時負載為 3 個 770Ω 電阻並聯 830Ω 電感，紀錄電壓、電流及功率等數據。

17. 將三相電阻負載單元標示 S4 的開關切到 ON，此時負載為 4 個 770Ω 電阻並聯 830Ω 電感，紀錄電壓、電流及功率等數據。

18. 將三相電阻負載單元標示 S5 的開關切到 ON，此時負載為 5 個 770Ω 電阻並聯 830Ω 電感，紀錄電壓、電流及功率等數據。

19. 將三相電阻負載單元標示 S6 的開關切到 ON，此時負載為 6 個 770Ω 電阻並聯 830Ω 電感，紀錄電壓、電流及功率等數據。

說明▶ 以上為電阻變動，電感不變動。

20. 將三相電阻負載單元標示 S2、S3、S4、S5、S6 的開關全部都切到 OFF，此時負載為 770Ω 電阻並聯 830Ω 電感，回復到與步驟 14 相同的情況。

21. 將三相電感負載單元標示 S2 的開關切到 ON，此時負載為 770Ω 電阻並聯 2 個 830Ω 電感，紀錄電壓、電流及功率等數據。

22. 將三相電感負載單元標示 S3 的開關切到 ON，此時負載為 770Ω 電阻並聯 3 個 830Ω 電感，紀錄電壓、電流及功率等數據。

23. 將三相電感負載單元標示 S4 的開關切到 ON，此時負載為 770Ω 電阻並聯 4 個 830Ω 電感，紀錄電壓、電流及功率等數據。

24. 將三相電感負載單元標示 S5 的開關切到 ON，此時負載為 770Ω 電阻並聯 5 個 830Ω 電感，紀錄電壓、電流及功率等數據。

25. 將三相電感負載單元標示 S6 的開關切到 ON，此時負載為 770Ω 電阻並聯 6 個 830Ω 電感，紀錄電壓、電流及功率等數據。

說明▶ 以上為電阻不變動，電感變動。

26. 將三相電感負載單元右上方開關切到 OFF，再將三相電容負載單元右上方的開關切到 ON，並將左上方標示 S1 的開關切到 ON，此時負載為 770Ω 電阻並聯 758Ω 電容，紀錄電壓、電流及功率等數據。

27. 將三相電阻負載單元標示 S2 的開關切到 ON，此時負載為 2 個 770Ω 電阻並聯 758Ω 電容，紀錄電壓、電流及功率等數據。

28. 將三相電阻負載單元標示 S3 的開關切到 ON，此時負載為 3 個 770Ω 電阻並聯 758Ω 電容，紀錄電壓、電流及功率等數據。

29. 將三相電阻負載單元標示 S4 的開關切到 ON，此時負載為 4 個 770Ω 電阻並聯 758Ω 電容，紀錄電壓、電流及功率等數據。

30. 將三相電阻負載單元標示 S5 的開關切到 ON，此時負載為 5 個 770Ω 電阻並聯 758Ω 電容，紀錄電壓、電流及功率等數據。

31. 將三相電阻負載單元標示 S6 的開關切到 ON，此時負載為 6 個 770Ω 電阻並聯 758Ω 電容，紀錄電壓、電流及功率等數據。

說明 以上為電阻變動，電容不變動。

32. 將三相電阻負載單元標示 S2、S3、S4、S5、S6 的開關全部都切到 OFF，此時負載為 770Ω 電阻並聯 758Ω 電容，回復到與步驟 26 相同的情況。

33. 將三相電容負載單元標示 S2 的開關切到 ON，此時負載為 770Ω 電阻並聯 2 個 758Ω 電容，紀錄電壓、電流及功率等數據。

34. 將三相電容負載單元標示 S3 的開關切到 ON，此時負載為 770Ω 電阻並聯 3 個 758Ω 電容，紀錄電壓、電流及功率等數據。

35. 將三相電容負載單元標示 S4 的開關切到 ON，此時負載為 770Ω 電阻並聯 4 個 758Ω 電容，紀錄電壓、電流及功率等數據。

36. 將三相電容負載單元標示 S5 的開關切到 ON，此時負載為 770Ω 電阻並聯 5 個 758Ω 電容，紀錄電壓、電流及功率等數據。

37. 將三相電容負載單元標示 S6 的開關切到 ON，此時負載為 770Ω 電阻並聯 6 個 758Ω 電容，紀錄電壓、電流及功率等數據。

說明 以上為電阻不變動，電容變動。

38. 關電源(按下三相電源供應器紅色◎按鈕)。

39. 將所有電源開關切到 OFF 或 0 位置。

40. 將所有可變電阻開關切到 OFF 或電阻值最大的位置。

41. 填寫維護卡。

CHAPTER **8**

三相Y－Y接、Y－△接、△－Y接、△－△接變壓器開路電壓測試實驗

　　Y－Y 接三相變壓器示意圖如圖 8-1 所示，在高低壓兩側都能提供中性點接地，是常用的一種接法，其高低壓側的線電壓比與單相變壓器高低壓側的相電壓比相同。

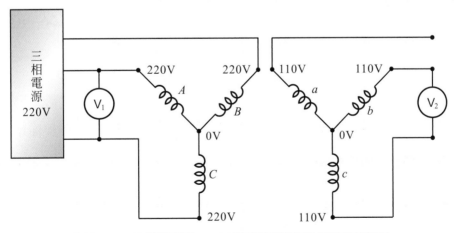

● 圖 8-1　三相變壓器 Y－Y 接開路電壓測試實驗示意圖

　　Y－Δ接三相變壓器示意圖如圖 8-2 所示，其高低壓側的線電壓比與單相變壓器高低壓側的相電壓比不同，有 $\sqrt{3}$ 倍的降壓效果。

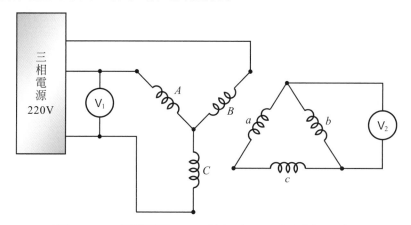

●圖 8-2　三相變壓器 Y－Δ 接開路電壓測試實驗示意圖

　　Δ－Y 接三相變壓器示意圖如圖 8-3 所示，其高低壓側的線電壓比與單相變壓器高低壓側的相電壓比不同，有 $\sqrt{3}$ 倍的升壓效果。

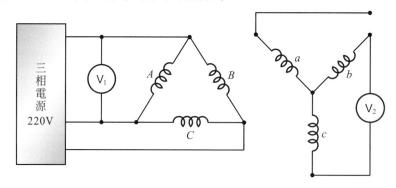

●圖 8-3　三相變壓器 Δ－Y 接開路電壓測試實驗示意圖

　　Δ－Δ 接三相變壓器示意圖如圖 8-4 所示，其高低壓側的線電壓比與單相變壓器高低壓側的相電壓比相同。

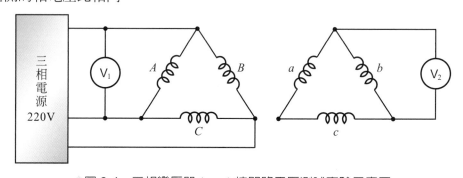

●圖 8-4　三相變壓器 Δ－Δ 接開路電壓測試實驗示意圖

本實驗分別以 Y－Y 接、Y－Δ 接、Δ－Y 接與 Δ－Δ 接來呈現三相變壓器在不同接法的線電壓差異。

目的 求出 Y－Y 接、Y－Δ 接、Δ－Y 接與 Δ－Δ 接三相變壓器的開路線電壓。

☼ 所需設備

1. 三相電源供應器 1 個。
2. 交流電壓電流電表 2 個。
3. 單相變壓器 3 個。
4. 三相交直流電源供應器 1 個。

☼ 實驗說明

三相 Y－Y 接變壓器開路電壓測試實驗接線示意圖，如圖 8-5 所示，三相 Y－Δ 接變壓器開路電壓測試實驗接線示意圖，如圖 8-6 所示，三相 Δ－Y 接變壓器開路電壓測試實驗接線示意圖，如圖 8-7 所示，三相 Δ－Δ 接變壓器開路電壓測試實驗接線示意圖，如圖 8-8 所示，用 2 個交流電壓電流電表分別量測輸入與輸出的線電壓，就可計算出線電壓比，圖 8-9 為輸入 110V 時的 Δ－Y 接變壓器開路電壓測試實驗接線示意圖。

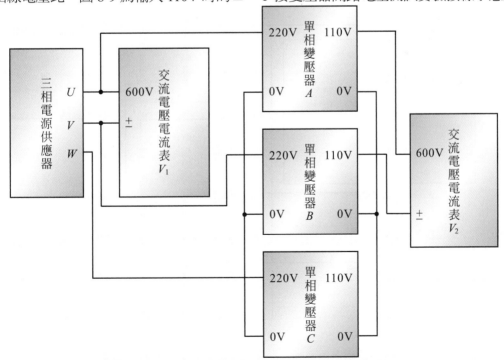

●圖 8-5 三相變壓器 Y－Y 接開路電壓測試實驗接線圖

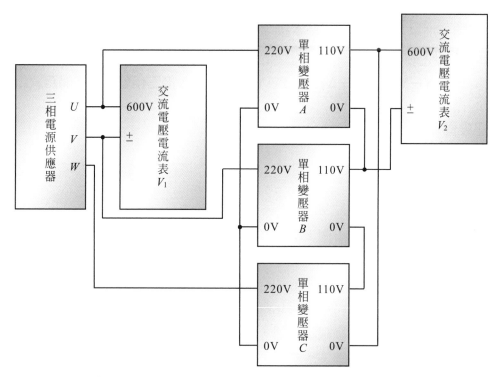

●圖 8-6　三相變壓器 Y－△接開路電壓測試實驗接線圖

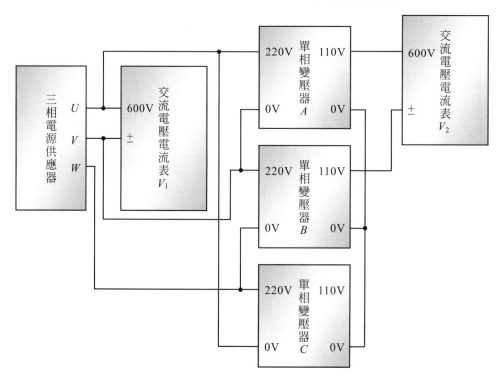

●圖 8-7　三相變壓器 △－Y 接開路電壓測試實驗接線圖

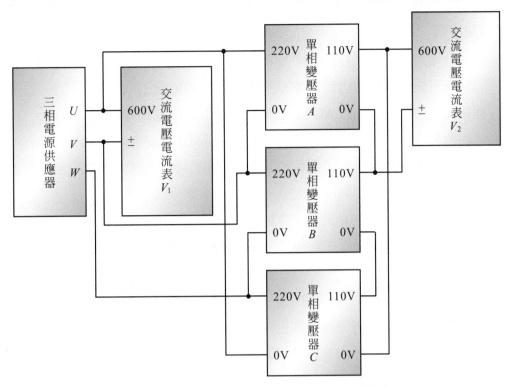

●圖 8-8　三相變壓器 Δ–Δ 接開路電壓測試實驗接線圖

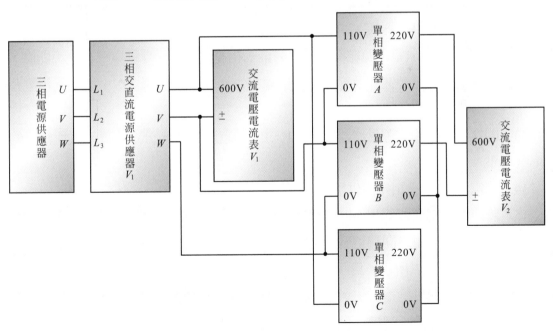

●圖 8-9　三相變壓器 Δ–Y 接開路電壓測試實驗接線圖(輸入電壓 110V)

實驗步驟

1. 將所有電源開關切到 OFF 或 0 位置。

2. 將所有可變電阻開關切到 OFF 或電阻值最大的位置。

3. 連接所有數位電表上方 AC 110V 插孔,提供數位電表 AC 110V 電源。

4. 連接所有綠色接地插孔,提供接地保護,提高實驗安全性。

5. 接線如圖 8-5 所示。為了避免瞬間加入 220V 產生太大的湧入電流,可如圖 8-9 在三相電源供應器與 V_1 中間加入三相交直流電源供應器。

6. 開電源(將實驗室電源總開關、實驗桌三相電源開關、實驗桌單相電源開關、交流電源盤三相電源開關及交流電源盤單相電源開關都切到 ON,按下三相電源供應器綠色①按鈕)。

7. 開電源後三相電源供應器的 U、V、W 將提供 220V,分別記錄輸入與輸出的電壓。

8. 關電源(按下三相電源供應器紅色◎按鈕)。

9. 將所有電源開關切到 OFF 或 0 位置。

10. 將所有可變電阻開關切到 OFF 或電阻值最大的位置。

11. 接線如圖 8-6 所示。為了避免瞬間加入 220V 產生太大的湧入電流,可如圖 8-9 在三相電源供應器與 V_1 中間加入三相交直流電源供應器。

12. 開電源(將實驗室電源總開關、實驗桌三相電源開關、實驗桌單相電源開關、交流電源盤三相電源開關及交流電源盤單相電源開關都切到 ON,按下三相電源供應器綠色①按鈕)。

13. 開電源後三相電源供應器的 U、V、W 將提供 220V,分別記錄輸入與輸出的線電壓。

14. 關電源(按下三相電源供應器紅色◎按鈕)。

15. 將所有電源開關切到 OFF 或 0 位置。

16. 將所有可變電阻開關切到 OFF 或電阻值最大的位置。

17. 接線如圖 8-7 所示。為了避免瞬間加入 220V 產生太大的湧入電流,可如圖 8-9 在三相電源供應器與 V_1 中間加入三相交直流電源供應器。

18. 開電源(將實驗室電源總開關、實驗桌三相電源開關、實驗桌單相電源開關、交流電源盤三相電源開關及交流電源盤單相電源開關都切到 ON,按下三相電源供應器綠色①按鈕)。

19. 開電源後三相電源供應器的 U、V、W 將提供 220V，分別記錄輸入與輸出的線電壓。

20. 關電源(按下三相電源供應器紅色◎按鈕)。

21. 將所有電源開關切到 OFF 或 0 位置。

22. 將所有可變電阻開關切到 OFF 或電阻值最大的位置。

23. 接線如圖 8-8 所示。為了避免瞬間加入 220V 產生太大的湧入電流，可如圖 8-9 在三相電源供應器與 V_1 中間加入三相交直流電源供應器。

24. 開電源(將實驗室電源總開關、實驗桌三相電源開關、實驗桌單相電源開關、交流電源盤三相電源開關及交流電源盤單相電源開關都切到 ON，按下三相電源供應器綠色①按鈕)。

25. 開電源後三相電源供應器的 U、V、W 將提供 220V，分別記錄輸入與輸出的線電壓。

26. 關電源(按下三相電源供應器紅色◎按鈕)。

27. 將所有電源開關切到 OFF 或 0 位置。

28. 將所有可變電阻開關切到 OFF 或電阻值最大的位置。

29. 接線如圖 8-9 所示。

　說明　圖 8-7 是以相同的輸入基準與其他接法比較，圖 8-9 則是為了凸顯升壓效果的正常用法。

30. 開電源(將實驗室電源總開關、實驗桌三相電源開關、實驗桌單相電源開關、交流電源盤三相電源開關及交流電源盤單相電源開關都切到 ON，按下三相電源供應器綠色①按鈕)。

31. 調整三相交直流電源供應器使輸入線電壓為 110V，分別記錄輸入與輸出的線電壓。

32. 關電源(按下三相電源供應器紅色◎按鈕)。

33. 將所有電源開關切到 OFF 或 0 位置。

34. 將所有可變電阻開關切到 OFF 或電阻值最大的位置。

35. 填寫維護卡。

CHAPTER 9

三相變壓器開 Y 開 Δ
開路電壓測試實驗

　　由於電力系統是三相的，所以經常需要使用三相變壓器，提供將三相電源改變電壓的功能，以便提供被改變電壓之後的三相電源。

　　但是有些時候可能只有 2 個單相變壓器，是否有可能以 2 個單相變壓器完成將三相電源改變電壓，提供被改變電壓之後三相電源的功能？

　　三相變壓器的開 Y 開 Δ 接法提供這種可能。

　　三相變壓器 Y−Δ 接示意圖如圖 9-1 所示，第 1 個單相變壓器的高壓側繞組 A 在 X_1 與 0V 間，第 2 個單相變壓器的高壓側繞組 B 在 Y_1 與 0V 間，第 3 個單相變壓器的高壓側繞組 C 在 Z_1 與 0V 間，是 Y 接；第 1 個單相變壓器的低壓側繞組 a 在 X_2 與 Y_2 間，第 2 個單相變壓器的低壓側繞組 b 在 Y_2 與 Z_2 間，第 3 個單相變壓器的低壓側繞組 c 在 Z_2 與 X_2 間，是 Δ 接。

　　現在將第 3 個單相變壓器拆除就變成圖 9-2，稱為三相變壓器的開 Y 開 Δ 接法，請留意，原本 Y 接的中性點必須接地以提供不平衡電流流通，而且接地線必須換較粗的線，因原本三相平衡接地線無電流，通常用細線，但如今變成三相不平衡。

　　雖然第 3 個單相變壓器的低壓側繞組 c 被拆掉了，可是在 Z_2 與 X_2 間仍然會出現如同第 3 個單相變壓器的低壓側繞組 c 仍然被接在 Z_2 與 X_2 間的電壓，稱為"鬼相"，所以可以用 2 個單相變壓器完成將三相電源改變電壓，提供被改變電壓之後三相電源的功能。

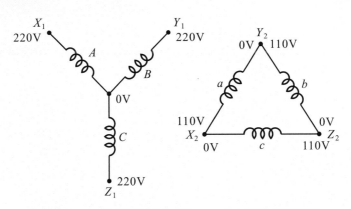

◉圖 9-1　三相變壓器開 Y 開 Δ C 相未拆除前示意圖

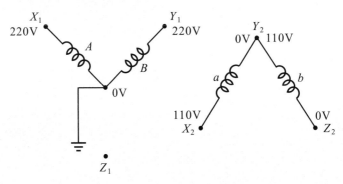

◉圖 9-2　三相變壓器開 Y 開 Δ C 相拆除後示意圖

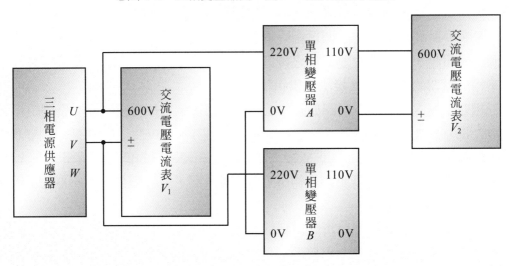

◉圖 9-3　三相變壓器開 Y 開 Δ 開路電壓測試實驗接線圖

目的▶　求出三相變壓器的開 Y 開 Δ 接法的輸出三相開路線電壓。

所需設備

1. 三相電源供應器 1 個。
2. 交流電壓電流電表 2 個。
3. 單相變壓器 2 個。
4. 三相交直流電源供應器 1 個。

實驗說明

　　三相變壓器的開 Y 開 Δ 接法開路電壓測試實驗接線示意圖，如圖 9-3 所示，用交流電壓電流表可量測輸出的開路線電壓。

實驗步驟

1. 將所有電源開關切到 OFF 或 0 位置。
2. 將所有可變電阻開關切到 OFF 或電阻值最大的位置。
3. 連接所有數位電表上方 AC 110V 插孔，提供數位電表 AC 110V 電源。
4. 連接所有綠色接地插孔，提供接地保護，提高實驗安全性。
5. 接線如圖 9-3 所示。為了避免瞬間加入 220V 產生太大的湧入電流，可如圖 8-9 在三相電源供應器與 V_1 中間加入三相交直流電源供應器。
6. 開電源(將實驗室電源總開關、實驗桌三相電源開關、實驗桌單相電源開關、交流電源盤三相電源開關、交流電源盤單相電源開關都切到 ON，按下三相電源供應器綠色①按鈕)。
7. 開電源後三相電源供應器的 U、V、W 將提供 220V，調整三相交直流電源供應器使電壓 V_1 為 220V，分別記錄第 1 個單相變壓器的低壓側繞組 a 在 110V 與 0V 間，第 2 個單相變壓器的低壓側繞組 b 在 110V 與 0V 間，第 1 個單相變壓器的低壓側繞組，在 110V 與第 2 個單相變壓器的低壓側繞組在 0V 間的三個輸出線電壓。
8. 關電源(按下三相電源供應器紅色◎按鈕)。
9. 將所有電源開關切到 OFF 或 0 位置。
10. 將所有可變電阻開關切到 OFF 或電阻值最大的位置。
11. 填寫維護卡。

CHAPTER 10

三相變壓器 V−V 接
開路電壓測試實驗

　　由於電力系統是三相的，所以經常需要使用三相變壓器，將三相電源改變電壓的功能，以便提供被改變電壓之後的三相電源。

　　但是有些時候可能為了初期的經費有限與負載需求較少，如果只先購買符合目前負載所需容量的小變壓器，在可預見的未來，勢必因負載增加，而必須更換更大的變壓器。

　　若 1 次購買可符合未來負載增加後所需容量的大變壓器，則會造成資金壓力太大，以及變壓器容量過大，以至於會有部分容量閒置的狀況。

　　是否可以先購買 2 個單相變壓器，完成將三相電源改變電壓，提供初期的負載需求，然後等未來訂單穩定使經費充裕，並因擴充生產線使負載增加後，再購買第 3 個單相變壓器加上去，就能提供全部負載的需求，而不必更換更大的變壓器？

　　三相變壓器的 V−V 接法提供這種可能。

　　三相變壓器 Δ − Δ 接法示意圖如圖 10-1 所示，第 1 個單相變壓器的高壓側繞組 A 在 X_1 與 Y_1 間，第 2 個單相變壓器的高壓側繞組 B 在 Y_1 與 Z_1 間，第 3 個單相變壓器的高壓側繞組 C 在 Z_1 與 X_1 間，是 Δ 接；第 1 個單相變壓器的低壓側繞組 a 在 X_2 與 Y_2

間，第 2 個單相變壓器的低壓側繞組 b 在 Y_2 與 Z_2 間，第 3 個單相變壓器的低壓側繞組 c 在 Z_2 與 X_2 間，也是 Δ 接。

現在將第 3 個單相變壓器拆除就變成圖 10-2，稱為三相變壓器的 V－V 接法，請留意，雖然第 3 個單相變壓器的低壓側繞組 c 被拆掉了，可是在 Z_2 與 X_2 間仍然會出現如同第 3 個單相變壓器的低壓側繞組 c 仍然被接在 Z_2 與 X_2 間的電壓，稱為"鬼相"，所以可以用 2 個單相變壓器完成將三相電源改變電壓，提供被改變電壓之後三相電源的功能。

假設工廠設立初期只有 2 條生產線做測試性生產，未來若銷路打開訂單增加預計將生產線擴充為 4 條，所以目前只有一半的負載需求，而且目前資金不足，等工廠設立生產銷售一段時間之後才能得到較為充裕的資金，則可以選擇先購買 2 個單相變壓器以 V－V 接法供電，可以提供 57.7%的負載需求，等未來訂單穩定使經費充裕，並因擴充生產線使負載增加後，再購買第 3 個單相變壓器加上去，就能提供全部 100% 的負載需求。

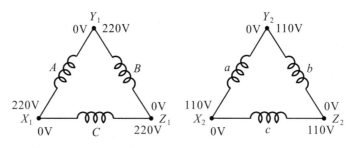

●圖 10-1　三相變壓器 V－V 接 C 相未拆除前示意圖

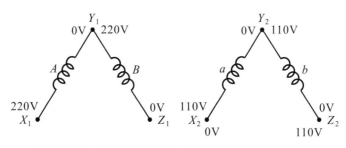

●圖 10-2　三相變壓器 V－V 接 C 相拆除後示意圖

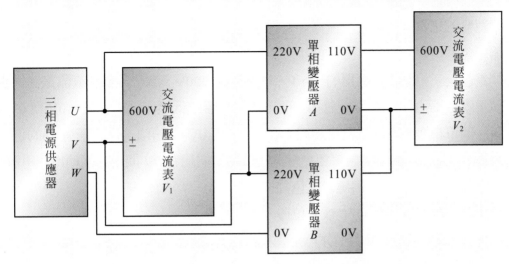

●圖 10-3　三相變壓器 V－V 接開路電壓測試實驗接線圖

目的　求出三相變壓器 V－V 接法的輸出三相開路線電壓。

所需設備

1. 三相電源供應器 1 個。
2. 交流電壓電流電表 2 個。
3. 單相變壓器 2 個。
4. 三相交直流電源供應器 1 個。

實驗說明

　　三相變壓器的 V－V 接法開路電壓測試實驗接線示意圖，如圖 10-3 所示，用交流電壓電流表可量測輸出的線電壓。

實驗步驟

1. 將所有電源開關切到 OFF 或 0 位置。
2. 將所有可變電阻開關切到 OFF 或電阻值最大的位置。
3. 連接所有數位電表上方 AC 110V 插孔，提供數位電表 AC 110V 電源。
4. 連接所有綠色接地插孔，提供接地保護，提高實驗安全性。
5. 接線如圖 10-3 所示。為了避免瞬間加入 220V 產生太大的湧入電流，可如圖 8-9 在三相電源供應器與 V_1 中間加入三相交直流電源供應器。
6. 開電源(將實驗室電源總開關、實驗桌三相電源開關、實驗桌單相電源開關、交流電源盤三相電源開關及交流電源盤單相電源開關都切到 ON，按下三相電源供應器綠色①按鈕)。

7. 開電源後三相電源供應器的 U、V、W 將提供 220V，調整三相交直流電源供應器使電壓 V_1 為 220V，分別記錄第 1 個單相變壓器的低壓側繞組 a 在 110V 與 0V 間，第 2 個單相變壓器的低壓側繞組 b 在 110V 與 0V 間，第 1 個單相變壓器的低壓側繞組，在 110V 與第 2 個單相變壓器的低壓側繞組在 0V 間的三個輸出線電壓。

8. 關電源(按下三相電源供應器紅色◎按鈕)。

9. 將所有電源開關切到 OFF 或 0 位置。

10. 將所有可變電阻開關切到 OFF 或電阻值最大的位置。

11. 填寫維護卡。

CHAPTER 11

變壓器三相史考特 T 接開路電壓測試實驗

　　由於電力系統是三相的，早期經常需要使用相差 90°的兩相電源與三相電源作變換，所以發明了史考特 T 接法。

　　變壓器三相史考特 T 接法示意圖，如圖 11-1 所示，看起來像個倒過來的 "T" 字母，所以被稱爲 T 接法。

　　第 1 個單相變壓器的高壓側繞組 A 在 X_1 與 P_1 間，有 1 個 86.6%的分接頭在 Q_1，第 2 個單相變壓器的高壓側繞組 B 在 Y_1 與 Z_1 間，有 1 個 50%的分接頭在 P_1；第 1 個單相變壓器的低壓側繞組 a 在 X_2 與 P_2 間，有 1 個 86.6%的分接頭在 Q_2，第 2 個單相變壓器的低壓側繞組 b 在 Y_2 與 Z_2 間，有 1 個 50%的分接頭在 P_2。

　　如果在第 1 個單相變壓器的高壓側繞組 A 與第 2 個單相變壓器的高壓側繞組 B，輸入相差 90°的兩相電源，則在 Q_1 與 Y_1 之間，Y_1 與 Z_1 之間，還有 Z_1 與 Q_1 之間可得到三相電源。

　　感應到低壓側，同樣可在 Q_2 與 Y_2 之間，Y_2 與 Z_2 之間，還有 Z_2 與 Q_2 之間得到三相電源。

　　反過來，如果在 Q_1 與 Y_1 之間，Y_1 與 Z_1 之間，還有 Z_1 與 Q_1 之間輸入三相電源，則在 Y_1 與 Z_1 之間，還有 P_1 與 X_1 之間可得到相差 90°的兩相電源。

感應到低壓側，同樣可在 Y_2 與 Z_2 之間，還有 P_2 與 X_2 之間得到相差 90° 的兩相電源。

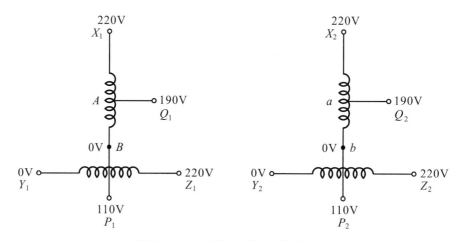

●圖 11-1　三相史考特 T 接示意圖

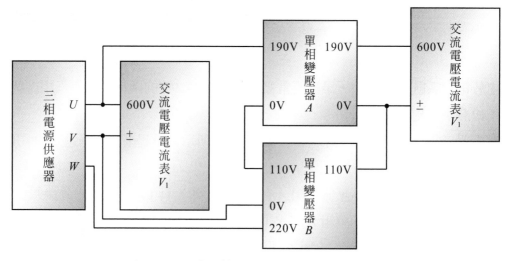

●圖 11-2　史考特 T 接開路電壓測試接線圖

目的　求出變壓器三相史考特 T 接法的輸出三相開路電壓。

所需設備

1. 三相電源供應器 1 個。
2. 交流電壓電流電表 2 個。
3. 單相變壓器 2 個。
4. 三相交直流電源供應器 1 個。

實驗說明

變壓器三相的史考特 T 接法開路電壓測試實驗接線示意圖，如圖 11-2 所示，用交流電壓電流表可量測相關的電壓。

實驗步驟

1. 將所有電源開關切到 OFF 或 0 位置。
2. 將所有可變電阻開關切到 OFF 或電阻值最大的位置。
3. 連接所有數位電表上方 AC 110V 插孔，提供數位電表 AC 110V 電源。
4. 連接所有綠色接地插孔，提供接地保護，提高實驗安全性。
5. 接線如圖 11-2 所示。為了避免瞬間加入 220V 產生太大的湧入電流，可如圖 8-9 在三相電源供應器與 V_1 中間加入三相交直流電源供應器。
6. 開電源(將實驗室電源總開關、實驗桌三相電源開關、實驗桌單相電源開關、交流電源盤三相電源開關及交流電源盤單相電源開關都切到 ON，按下三相電源供應器綠色①按鈕)。
7. 開電源後三相電源供應器的 U、V、W 將提供 220V，調整三相交直流電源供應器使電壓 V_1 為 220V，分別記錄
   第 1 個單相變壓器的高壓側繞組在 190V 與 0V 間，
   第 1 個單相變壓器的高壓側繞組在 220V 與 0V 間，
   第 2 個單相變壓器的高壓側繞組在 110V 與 0V 間，
   第 2 個單相變壓器的高壓側繞組在 110V 與 220V 間，
   第 1 個單相變壓器的高壓側繞組在 190V 與第 2 個單相變壓器的高壓側繞組在 220V 間，
   第 1 個單相變壓器的高壓側繞組在 190V 與第 2 個單相變壓器的高壓側繞組在 0V 間，
   第 2 個單相變壓器的高壓側繞組在 0V 與 220V 間的電壓。再分別記錄
   第 1 個單相變壓器的低壓側繞組在 190V 與 0V 間，
   第 1 個單相變壓器的低壓側繞組在 220V 與 0V 間，
   第 2 個單相變壓器的低壓側繞組在 110V 與 0V 間，
   第 2 個單相變壓器的低壓側繞組在 110V 與 220V 間，
   第 1 個單相變壓器的低壓側繞組在 190V 與第 2 個單相變壓器的低壓側繞組在 220V 間，
   第 1 個單相變壓器的低壓側繞組在 190V 與第 2 個單相變壓器的低壓側繞組在 0V 間，
   第 2 個單相變壓器的低壓側繞組在 0V 與 220V 間的電壓。

8. 關電源(按下三相電源供應器紅色◎按鈕)。

9. 將所有電源開關切到 OFF 或 0 位置。

10. 將所有可變電阻開關切到 OFF 或電阻值最大的位置。

11. 填寫維護卡。

CHAPTER 12

三相同步電動機啓動實驗

　　發電機的作用是將機械能轉成電能，因此必須有一個將機械能輸入發電機的裝置，一般稱爲原動機。在水力發電廠，採用水輪機做爲原動機，水輪機的軸和發電機的軸耦合在一起，當水由高處流下，衝擊水輪機的葉片，便可推動水輪機和發電機旋轉，也就是把水的位能以機械能的方式輸入發電機，然後發電機再依電磁作用原理，將輸入的機械能轉換成電能輸出。若是在火力或核能發電廠，則是以氣輪機做爲原動機，先以煤、石油或天然氣等石化燃料燃燒或原子核分裂產生的熱能將水加熱成蒸氣，去推動氣輪機的葉片，連帶使氣輪機和發電旋轉。

　　但是在實驗室裡，我們沒有水力、火力或核能可以使用，那麼，要如何使發電機的轉軸旋轉，以便進行各項發電機的實驗呢？在此，我們可以利用電能使同步電動機(馬達)旋轉(和用電能使電扇旋轉的原理類似)，並以同步電動機做爲直流發電機的原動機，如此便可順利進行各項發電機的實驗了。

　　同步電動機大部份爲轉磁式的，也就是說，轉子以直流加於繞組上，產生 N 極和 S 極，定子則以三相交流加於三相繞組，產生一個旋轉磁場，吸引轉子的磁極，使轉子以和定子旋轉磁場相同的速度旋轉，因此稱爲 "同步" 馬達。而定子旋轉磁場的轉速稱爲同步速。當轉子的轉速接近同步速時，若在定子加入三相交流，則轉子可持續以同步速轉動，如圖 12-1(a)所示，在正半週，定子旋轉磁場爲 S_S 在上，N_S 在下，轉子位置爲 N_R 在右上，S_R 在左下，因此轉子被吸引往逆時針方向轉動。在負半週，如

圖 12-1(b)所示，定子旋轉磁場因為電流反向，故 N_S 和 S_S 位置互換，而轉子是以接近同步速運轉，故 N_R 和 S_R 位置也互換，轉子依然被吸引往逆時針方向轉動，因此轉子可以持續以同步速轉動。但是在馬達起動時，轉子是靜止的，而且其慣性很大，假設在正半週如圖 12-2(a)所示，轉子被吸引往逆時針方向轉動，但在負半週，如圖 12-2(b)所示，定子旋轉磁場因電流反向，故 N_S 和 S_S 位置互換，但是轉子原是靜止的，而且慣性很大，以 60Hz 而言，半週期只有 $\frac{1}{120}$ 秒，因此，轉子根本還來不及轉動，故 N_R 和 S_R 還保持在原位置，結果轉子受到的吸引力改為往順時針方向轉動，正好和正半週的受力方向相反，使得轉子忽而受力往逆時針轉，忽而受力往順時針轉，結果就是，根本就不轉！

也就是說，在轉子靜止的狀態下，同步電動機無法自行起。如前所述，如果要讓同步電動機持續轉動，則必須先使轉子以接近同步速的速度旋轉。在本實驗室內，因為同步電動機裝有阻尼繞組，因此採用阻尼繞組起動法。先將同步機轉子的直流激磁去除，則此同步機成為鼠籠式感應機，在定子加入三相交流，因轉子和定子旋轉磁場不同，有相對運動則轉子上的阻尼繞組，將以感應機的方式起動，並運轉。但是感應機的作用必須在轉子和定子旋轉磁場間有相對運動的情形下才成立，因此轉子的轉速只能接近同步速，但卻無達到同步速，否則就沒有相對運動。此時再把同步機轉子的直流激磁加上去，則如前所述，轉子可以同步速持續轉動，同步電動機便可正常運轉了。

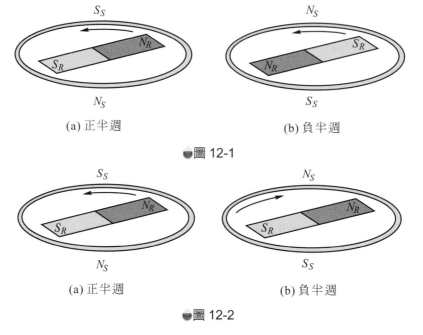

(a) 正半週   (b) 負半週

◖圖 12-1

(a) 正半週   (b) 負半週

◖圖 12-2

目的 ▶ 起動同步電動機，以便在實驗室內使用同步電動機作為直流發電機的原動機，讓直流發電機的各項實驗可以順利進行。

所需設備

1. 三相電源供應器 1 個。
2. 直流電源供應器 1 個。
3. 交流電壓電流表 1 個。
4. 直流電壓電流表 1 個。
5. 三相凸極式同步機 1 個。
6. 轉速計 1 個。(非本實驗模組內的儀器，需另外購買)

實驗說明

　　三相同步電動機啟動實驗接線示意圖，如圖 12-3 所示，由三相電源供應器提供三相 220V，給三相凸極式同步機位於定子的三相電樞繞組，並以交流電壓電流表測量其電壓；由直流電源供應器，提供直流激磁給三相凸極式同步機位於轉子的激磁繞組，並以直流電壓電流表測量其電流。

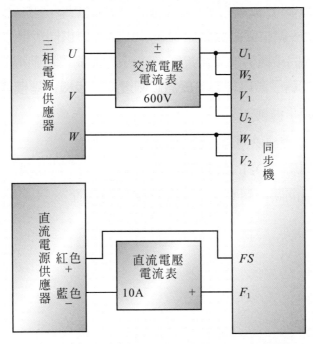

● 圖 12-3　三相同步電動機啟動接線示意圖

實驗步驟

1. 將所有電源開關切到 OFF 或 0 位置。
2. 將所有可變電阻開關切到 OFF 或電阻值最大的位置。
3. 連接所有數位電表上方 AC 110V 插孔，提供數位電表 AC 110V 電源。
4. 連接所有綠色接地插孔，提供接地保護，提高實驗安全性。
5. 接線如圖 12-3 所示。

請注意 直流電源供應器須接下方的紅色與藍色插孔才可調整輸出。

6. 按住同步電動機的黃色按鈕。

說明 讓同步機的轉子激磁繞組短路變成鼠籠式感應機。

7. 開電源(將實驗室電源總開關、實驗桌三相電源開關、實驗桌單相電源開關、交流電源盤三相電源開關及交流電源盤單相電源開關都切到 ON，按下三相電源供應器綠色①按鈕)。。
8. 開電源後三相電源供應器的 U、V、W 將提供 220V，使交流電壓表顯示 220V，提供同步電動機三相電源。
9. 以轉速計測量同步機轉速。
10. 將直流電源供應器的切換開關切到"1"位置，再按下"START"紅色按鈕，然後旋轉藍色"Vadj"旋鈕，調整使直流電流表顯示 0.3A，提供同步機直流激磁。
11. 經過 10 秒後(等同步機轉速夠接近同步速)，放開同步電動機的黃色按鈕。

說明 讓同步機的轉子激磁繞組接受激磁回復成同步機運轉模式。

12. 以轉速計測量同步機轉速。
13. 關電源(按下三相電源供應器紅色◎按鈕)。
14. 將所有電源開關切到 OFF 或 0 位置。
15. 將所有可變電阻開關切到 OFF 或電阻值最大的位置。
16. 填寫維護卡。

CHAPTER 13

直流永磁電動機啓動實驗
及轉速控制實驗

　　發電機的作用是將機機能轉換成電能,因此,必須有一個將機械能輸入發電機的裝置,一般稱爲原動機。在水力發電廠,採用水輪機做爲原動機,水輪機的軸和發電機的軸耦合在一起,當水由高處流下,衝擊水輪機的葉片,便可推動水輪機和發電機旋轉,也就是把水的位能以機械能的方式輸入發電機,然後發電機再依電磁作用原理,將輸入的機械能轉換成電能輸出。若是在火力或核能發電廠,則是以氣輪機做爲原動機,先以煤、石油或天然氣等,石化燃料燃燒或原子核分裂產的熱能將水加熱成蒸氣,去推動氣輪機的葉片,連帶使氣輪機和發電機旋轉。

　　但是,在實驗室裡我們沒有水力、火力或核能可以使用,所以可以設法用 1 部電動機(馬達)來取代原動機帶動發電機。

　　一般實驗室經常使用三相同步馬達當作原動機,可是同步機必須先以感應機的方式啓動,比較麻煩,如果實驗室有購買永磁式直流機,則以永磁式直流機當作原動機將會比較方便。

　　直流機是以轉子與定子的兩個直流磁場作用而運轉,如果直流機的功率不是很大,則其中一個直流磁場可改由強力磁鐵來達成。

所以永磁式直流機只需要輸入 1 個直流電源就能動作，操作簡便，因此使用永磁式直流機當作原動機將是比較方便的選擇。

而改變永磁式直流機輸入電樞的直流電源，就能改變永磁式直流電動機的轉速，達到控制轉速的目的，因為在許多工業應用上，例如車床的轉軸、電動車的車軸、電扇與生產線的許多驅動馬達等都有控制轉速的需求，因此，如果可以預先知道某部馬達在某個負載狀況下，其轉速與輸入電樞的直流電源的關係，就能很方便地以輸入電樞的直流電源的電壓值，來設定希望達到的轉速。

目的　啓動永磁式直流機當作實驗所需之原動機，並測出在某些特定轉速時，輸入電樞的直流電源的電壓值應該是多少。

所需設備

1. 直流電源供應器 1 個。
2. 直流電壓電流表 1 個。
3. 永磁式直流機 1 個。
4. 轉速計 1 個。(非本實驗模組內的儀器，需另外購買)

實驗說明

永磁式直流電動機啓動實驗及轉速控制實驗接線示意圖，如圖 13-1 所示，由直流電源供應器提供 0～180V 給永磁式直流機位於轉子的電樞繞組，並以直流電壓電流表測量其電壓與電流。

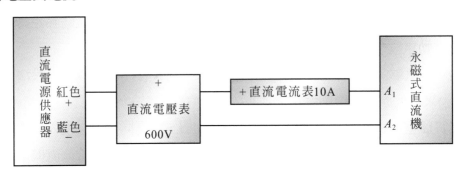

●圖 13-1　永磁式直流電動機啓動及轉速控制實驗接線示意圖

實驗步驟

1. 將所有電源開關切到 OFF 或 0 位置。
2. 將所有可變電阻開關切到 OFF 或電阻值最大的位置。
3. 連接所有數位電表上方 AC 110V 插孔,提供數位電表 AC 110V 電源。
4. 連接所有綠色接地插孔,提供接地保護,提高實驗安全性。
5. 接線如圖 13-1 所示。

請注意 直流電源供應器須接下方的紅色與藍色插孔,才可調整輸出。

6. 開電源(將實驗室電源總開關、實驗桌三相電源開關、實驗桌單相電源開關、交流電源盤三相電源開關及交流電源盤單相電源開關都切到 ON,按下三相電源供應器綠色①按鈕)。
7. 此時直流電壓表顯示 0V 記錄轉速與電流。
8. 將直流電源供應器的切換開關切到"1"位置,再按下"START"紅色按鈕,然後旋轉藍色"Vadj"旋鈕,調整提供永磁式直流機直流電樞電壓,並以轉速計測試使永磁式直流機轉速達到 100 rpm,記錄提供給永磁直流機的直流電樞電壓值與電流值。
9. 重複步驟 8 使轉速為 200 rpm、300 rpm、400 rpm、500 rpm……直到轉速為 2000 rpm。
10. 關電源(按下三相電源供應器紅色◎按鈕)。
11. 將所有電源開關切到 OFF 或 0 位置。
12. 將所有可變電阻開關切到 OFF 或電阻值最大的位置。
13. 填寫維護卡。

CHAPTER 14

直流他激發電機無載實驗

　　直流發電機所產生的電樞電壓為 $E_g = \dfrac{\phi ZSP}{60a}$，因為當一部直流發電機做好了以後，其並聯路徑數 a，導體數 Z 與極數 P 就固定了，因此 $E_g = K\phi S$。如果原動機轉速 S 固定，則 $E_g = K_1\phi$。不過在鐵心飽和之前，磁通量 ϕ 和激磁電流 I_f 成正比，因此 $E_g = K_2 I_f$。他激式直流發電機如圖 14-1 所示，因為激磁是另外由一個獨立的電源提供，因此 I_f 不受 E_g 影響。所以如果 I_f 愈大，則 E_g 就愈大。不過，如前所述，因為鐵心會飽和，因此當 I_f 大到某一程度使鐵心飽和，則磁通量 ϕ 將不再因 I_f 增加而做等比例增加，所以 E_g 也不再因 I_f 增加而做等比例增加。

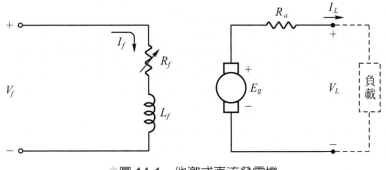

●圖 14-1　他激式直流發電機

如圖 14-2 所示，I_f 由 I_{f1} 增加到 I_{f2} 時，E_g 由 E_{g1} 增加到 E_{g2}，此時鐵心未飽和，但當 I_f 由 I_{f2} 增加到 I_{f3} 時，雖然增加量相同($I_{f2} - I_{f1} = I_{f3} - I_{f2}$)，但因鐵心飽和，故 E_g 只增加到 E_{g3}，注意 $E_{g3} - E_{g2} < E_{g2} - E_{g1}$。

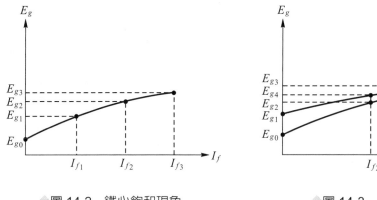

●圖 14-2　鐵心飽和現象　　　　　　　　●圖 14-3　磁滯現象

同時，鐵心也有磁滯現象，因此如圖 14-3 所示，當 I_f 由 I_{f3} 減少回到 I_{f2} 時，因為磁滯使磁通量比原來由零增加到 I_{f2} 時來得大，所以，E_g 由 E_{g3} 減少到 E_{g4} 而非 E_{g2}。注意，$E_{g4} > E_{g2}$，也就是說 $E_{g4} = K_1\phi_4 = K_1(\phi_2 + 磁滯) > E_{g2} = K_1(\phi_2) = K_1(K'I_{f2})$。

另外，通常鐵心會有剩磁，因此即使 $I_f = 0$(因剩磁)，仍有一點點磁通量存在，所以當原動機轉動後，便會產生一個小電壓 E_{g0}。

由圖 14-1 可以看出，如果發電機有加負載，則端電壓 $V_L = E_g - I_L R_a$，因為電樞電流會產生電樞反應，將對磁場造成影響(電樞反應包含偏磁效應和去磁效應)，則會改變 E_g 的值。另一方面，即使 E_g 不變，V_L 仍會隨 I_L 變動，而 I_L 又會隨負載變動。所以我們先在沒有負載，即 $I_L = 0$ 的情況下測量 E_g 和 I_f 的相關曲線，則 $V_L = E_g$，而且沒有電樞反應，一般稱為直流發電機的無載實驗。

目的　在原動機轉速固定的情況下，測量直流他激發電機的激磁電流和電樞電壓之間的關係，並觀察鐵心的磁飽和、磁滯及剩磁現象。

☀所需設備

1. 直流電源供應器 1 個。
2. 直流電壓電流表 3 個。
3. 直流多用途電機 1 個。
4. 三相電源供應器 1 個。

5.　三相交直流電源供應器 1 個。

6.　永磁式直流機 1 個。

7.　轉速計 1 個。(非本實驗模組內的儀器，需另外購買)

實驗說明

　　直流他激發電機無載實驗接線示意圖，如圖 14-4 所示，由直流電源供應器提供直流電源給永磁式直流機位於轉子的電樞繞組，讓永磁式直流機以 1780rpm 的轉速(直流多用途電機的額定轉速)當作直流多用途電機(發電機)的原動機，並以三相交直流電源供應器，提供直流激磁給直流多用途電機位於定子的並激場繞組，分別以直流電壓電流表測量電壓與電流，觀察電樞電壓與激磁電流之間的關係。

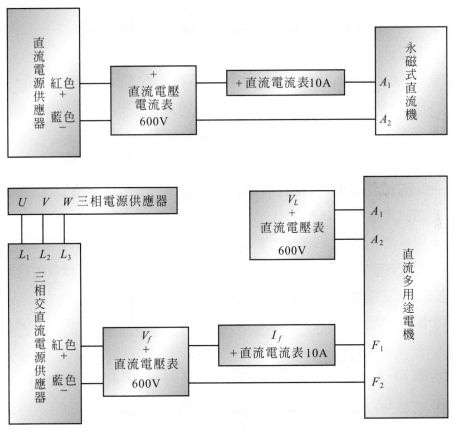

●圖 14-4　直流他激發電機無載實驗接線示意圖

☼ 實驗步驟

1.　將所有電源開關切到 OFF 或 0 位置。

2.　將所有可變電阻開關切到 OFF 或電阻值最大的位置。

3.　連接所有數位電表上方 AC 110V 插孔,提供數位電表 AC 110V 電源。

4.　連接所有綠色接地插孔,提供接地保護,提高實驗安全性。

5.　將永磁式直流機與直流多用途電機的轉軸耦合,以便讓永磁式直流機當作直流多用途電機(發電機)的原動機。

6.　接線如圖 14-4 所示。

請注意 直流電源供應器須接下方的紅色與藍色插孔才可調整輸出。

7.　開電源(將實驗室電源總開關、實驗桌三相電源開關、實驗桌單相電源開關、交流電源盤三相電源開關及交流電源盤單相電源開關都切到 ON,按下三相電源供應器綠色①按鈕)。

8.　將直流電源供應器的切換開關切到"1"位置,再按下"START"紅色按鈕,然後旋轉藍色"Vadj"旋鈕,調整提供永磁式直流機直流電樞電壓,並以轉速計測試使永磁式直流機轉速達到 1780 rpm(直流多用途電機的額定轉速)。

說明 [說明]由第 13 章永磁式直流電動機啟動實驗及轉速控制實驗的結果可知:要使永磁式直流機轉速達到 1780rpm,提供給永磁式直流機的直流電樞電壓值應該設定為大約 155V。

9.　紀錄多用途電機(發電機)連接之激磁電壓 V_f、激磁電流 I_f 與電樞電壓 V_L 的數據。

10.　調整三相交直流電源供應器使直流電流表 I_f 顯示 0.01A,並紀錄多用途電機(發電機)連接之激磁電壓 V_f、激磁電流 I_f 與電樞電壓 V_L 的數據。

11.　重複步驟 10,調整使直流發電機的激磁電流 I_f 顯示為 0.02A、0.03A、0.04A、0.05A、0.06A、…、0.11A。

12.　重複步驟 10,調整使直流發電機的激磁電流 I_f 顯示為 0.1A、0.09A、0.08A、0.07A、0.06A、…、0A。

13.　關電源(按下三相電源供應器紅色◎按鈕)。

14.　將所有電源開關切到 OFF 或 0 位置。

15.　將所有可變電阻開關切到 OFF 或電阻值最大的位置。

16.　填寫維護卡。

CHAPTER 15

直流並激發電機的電壓建立實驗

直流分激發電機的等效電路如圖 15-1 所示，因爲磁場電路和電樞電路爲並聯，因此也稱爲直流並激發電機。值得注意的是，如果沒有剩磁，即便原動機帶動電樞旋轉，也不會產生電壓，則 $I_f = 0$ 因爲磁場 $\phi = K_1 I_f = 0$，而 $E_g = K\phi S = 0$。但在有剩磁 ϕ_0 的狀況下，當原動機帶動電樞旋轉，則會產生剩磁電壓 $E_{g0} = K\phi_0 S$，此電壓跨在分激場上，在無載的狀況下，會產生磁場電流 $I_{f0} = \dfrac{E_{g0}}{R_a + R_f}$，接下來，$I_{f0}$ 使磁場由剩磁 ϕ_0 增強爲 $\phi_1 = (K_1 I_{f0} + \phi_0)$，故電樞電壓也由 E_{g0} 提高爲 $E_{g1} = K\phi_1 S$，則磁場電流又由 I_{f0} 增加爲 $I_{f1} = \dfrac{E_{g1}}{R_a + R_f}$，$I_{f1}$ 又使磁場由 ϕ_1 增強爲 $\phi_2 = (K_1 I_{f1} + \phi_0)$，而電樞電壓又提高爲 $E_{g2} = K\phi_2 S$，又使磁場電流增加爲 $I_{f2} = \dfrac{E_{g2}}{R_a + R_f}$。如此繼續下去，則如圖 15-2 所示，最後因鐵心飽和現象，當 I_f 再增加也不會使磁場增強，無法使 E_g 再上升，I_f 再上升，故最後建立一穩定的電壓，其值正好是電阻線和磁化曲線的交點所對應之電壓值 E_{g4}。

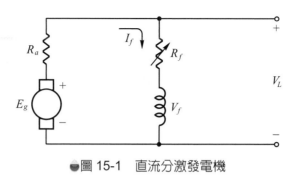

●圖 15-1   直流分激發電機

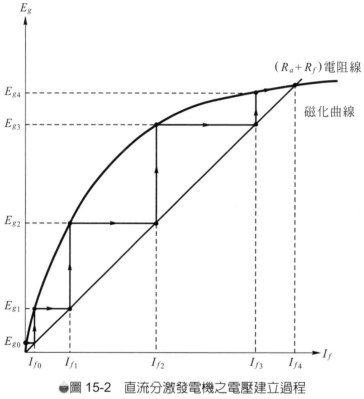

●圖 15-2   直流分激發電機之電壓建立過程

由圖 15-3 可知，當電阻值不同時，建立的電壓值也不同，且電阻值愈大則所建立之電壓值就愈低，甚至低到只和剩磁電壓 E_{g0} 差不多大，如此低的電壓，一旦發電機加上負載，很可能因電樞壓降和電樞反應而使電壓降低爲零，造成無法穩定運轉。因此，$(R_a + R_f)$ 的電阻值有一個使分激發電機可以建立穩定電壓的上限值，稱爲臨界電阻。一般以磁化曲線的膝點(飽和及未飽和的交界點)爲分界，若所建立的電壓正好等於膝點所對應的電壓，則該電阻值即爲臨界電阻。因爲電阻 R_a 爲固定值，而且分激場電阻 R_f 的值遠大於 R_a 的值因此，$R_a + R_f \cong R_f$，所以通常臨界電阻只計算 R_f 的部份。

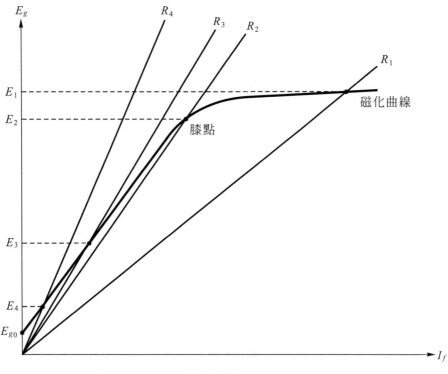

●圖 15-3 臨界電阻示意圖($R_4 > R_3 > R_2 > R_1$)

目的 觀察分激直流發電機在不同的分激場電阻值之下所建立的電壓，並找出臨界電阻值。

☀ 所需設備

1. 直流電源供應器 1 個。
2. 直流電壓電流表 2 個。
3. 直流多用途電機 1 個。
4. 燈泡負載 4 個。
5. 永磁式直流機 1 個。
6. 轉速計 1 個。(非本實驗模組內的儀器，需另外購買)

💡實驗說明

　　直流並激發電機的電壓建立實驗接線示意圖，如圖 15-4 所示，由直流電源供應器提供直流電源給永磁式直流機位於轉子的電樞繞組，讓永磁式直流機以 1780rpm 的轉速(直流多用途電機的額定轉速)當作直流多用途電機(發電機)的原動機，直流多用途電機(發電機)位於轉子的電樞繞組經由 1 個電阻自己提供直流激磁給直流多用途電機位於定子的並激場繞組，以直流電壓表測量電樞電壓，觀察電樞電壓與電阻之間的關係。

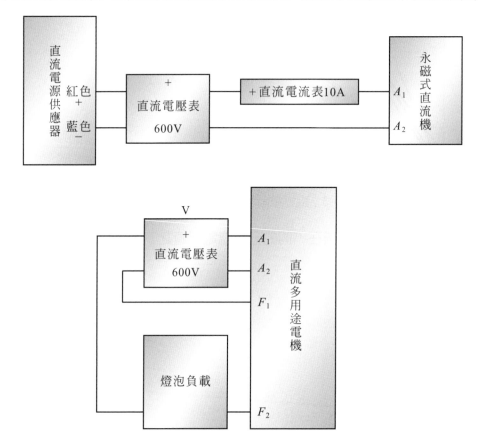

🔵圖 15-4　並激直流發電機之電壓建立接線示意圖

💡實驗步驟

1. 將所有電源開關切到 OFF 或 0 位置。
2. 將所有可變電阻開關切到 OFF 或電阻值最大的位置。
3. 連接所有數位電表上方 AC110V 插孔，提供數位電表 AC110V 電源。

4. 連接所有綠色接地插孔，提供接地保護，提高實驗安全性。

5. 將永磁式直流機與直流多用途電機的轉軸耦合以便讓永磁式直流機當作直流多用途電機(發電機)的原動機。

6. 接線如圖 15-4 所示。並將燈泡負載的接線移除，用導線連接直流多用途電機的 F2 跟直流電壓表 V 的+使電阻值 R 為 0Ω。

請注意 直流電源供應器須接下方的紅色與藍色插孔才可調整輸出。

7. 開電源(將實驗室電源總開關、實驗桌三相電源開關、實驗桌單相電源開關、交流電源盤三相電源開關及交流電源盤單相電源開關都切到 ON，按下三相電源供應器綠色①按鈕)。

8. 將直流電源供應器的切換開關切到"1"位置，再按下"START"紅色按鈕，然後旋轉藍色"Vadj"旋鈕，調整提供永磁式直流機的直流電樞電壓，並以轉速計測試使永磁式直流機轉速達到 1780 rpm(直流多用途電機的額定轉速)。

說明 由第 13 章永磁式直流電動機啟動實驗及轉速控制實驗的結果可知：要使永磁式直流機轉速達到 1780 rpm，提供給永磁式直流機的直流電樞電壓值應該設定為大約 155V。

9. 等待建立的電壓穩定後，紀錄直流多用途電機(發電機)連接之電樞電壓 V 的數據。

10. 關電源(按下三相電源供應器紅色◎按鈕)。

請注意 如果建立的電壓很小可將永磁式直流機 A_1 與 A_2 的接線互換，再重做。

11. 將接線改回圖 15-4，調整使燈泡負載為 100W 3 個加 60W 3 個加 40W 3 個加 10W 3 個(約為 78Ω)。

12. 按下三相電源供應器綠色①按鈕。

13. 等待建立的電壓穩定後，紀錄直流多用途電機(發電機)連接之電樞電壓 V 的數據。

14, 關電源(按下三相電源供應器紅色◎按鈕)。

15. 重複步驟 11～步驟 14，分別調整使燈泡負載為 100W 2 個加 60W 3 個加 40W 3 個加 10W 3 個，100W 1 個加 60W 3 個加 40W 3 個加 10W 3 個，60W 3 個加 40W 3 個加 10W 3 個，60W 2 個加 40W 3 個加 10W 3 個，60W 1 個加 40W 3 個加 10W 3 個，40W 3 個加 10W 3 個，40W 2 個加 10W 3 個，40W 1 個加 10W 3 個，10W 3 個，10W 2 個，10W 1 個，開路(4 個燈泡負載的開關全部 OFF)。

請注意 每次改變燈泡負載都要使直流多用途電機(發電機)重新啟動,並非只啟動 1
次然後一直改變燈泡負載。

16. 關電源(按下三相電源供應器紅色◎按鈕)。

17. 將所有電源開關切到 OFF 或 0 位置。

18. 將所有可變電阻開關切到 OFF 或電阻值最大的位置。

19. 拆除所有接線,測量直流多用途電機 F_1 與 F_2 之間的電阻值 R_f(直流機並激場的電阻值)。

20. 填寫維護卡。

CHAPTER 16

直流他激發電機負載實驗

　　直流他激發電機加上負載之後的等效電路，如圖 16-1 所示。由無載實驗我們知道，無載時 $R_L = \infty$、$I_a = I_L = 0$，故 $V_L = E_g$，稱為無載電壓 V_{nL}。一旦加上負載，因 $I_a = I_L \neq 0$，故由克希荷夫電壓定律得知，$V_L = E_g - I_a R_a$，由於電樞繞組的電阻會造成壓降，當 I_a 愈大，電樞壓降就愈大，故負載愈重(I_a 愈大，R_L 愈小)時，負載端電壓 V_L 會愈低，另一方面，當電樞電流 $I_a \neq 0$ 時，會產生電樞反應，因電樞反應包含偏磁效應和去磁效應，故 I_a 愈大會造成磁場愈弱，因 $E_g = K\phi S$，故磁場 ϕ 減弱會造成 E_g 下降，又因 $V_L = E_g - I_a R_a$，所以連帶使 V_L 下降。總而言之，當負載愈重(I_a 愈大)，則負載端電壓 V_L 就愈低，當負載恰為額定負載，即 I_a 等於其額定值時，則為滿載的情況，此時對應的端壓 V_L 稱為滿載電壓 V_{fL}。因為直流發電機是一個定電壓源，不論負載如何改變，我們希望發電機提供給負載的電壓能維持固定，或至少在一個可容許的小範圍內變動。因此，通常定義由無載到滿載的電壓調整率

$$VR = \frac{\text{無載電壓} - \text{滿載電壓}}{\text{滿載電壓}} \times 100\% = \frac{V_{nL} - V_{fL}}{V_{fL}} \times 100\%$$

一般以 $VR < 5\%$ 或 $VR < 10\%$ 為可容許的變動範圍。而當負載為某一特定值時，將其所對應的負載端電壓 V_L 代入 VR 公式的 V_{fL}，也可算出在該負載狀況時的電壓調整率。若將 V_L 和 I_L 的關係畫成曲線，則稱為直流他激發電機的外部特性曲線。

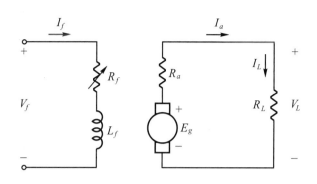

●圖 16-1　有負載的直流他激發電機

目的 求直流他激發電機在各種不同負載狀況下的電壓調整率,並畫出其外部特性曲線。

所需設備

1. 直流電源供應器 1 個。
2. 直流電壓電流表 3 個。
3. 直流多用途電機 1 個。
4. 三相電源供應器 1 個。
5. 三相交直流電源供應器 1 個。
6. 永磁式直流機 1 個。
7. 燈泡負載 3 個。
8. 轉速計 1 個。(非本實驗模組內的儀器,需另外購買)

實驗說明

直流他激發電機負載實驗接線示意圖如圖 16-2 所示,由直流電源供應器提供直流電源給永磁式直流機位於轉子的電樞繞組,讓永磁式直流機以 1780 rpm 的轉速(直流多用途電機的額定轉速)當作直流多用途電機(發電機)的原動機,並以三相交直流電源供應器提供直流激磁給直流多用途電機位於定子的並激場繞組(他激式),直流多用途電機的電樞繞組發電後供電給負載,以直流電壓電流表測量負載電壓 V_L 與負載電流 I_L,觀察兩者之間的關係。

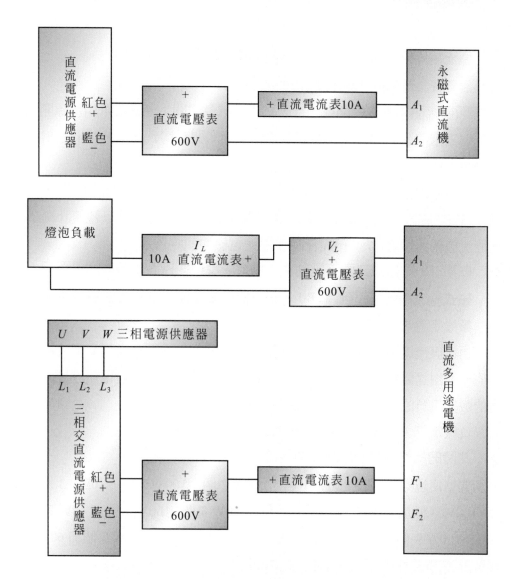

●圖 16-2　直流他激發電機負載實驗接線示意圖

實驗步驟

1. 將所有電源開關切到 OFF 或 0 位置。

2. 將所有可變電阻開關切到 OFF 或電阻值最大的位置。

3. 連接所有數位電表上方 AC 110V 插孔，提供數位電表 AC 110V 電源。

4. 連接所有綠色接地插孔，提供接地保護，提高實驗安全性。

5. 將永磁式直流機與直流多用途電機的轉軸耦合，以便讓永磁式直流機當作直流多用途電機(發電機)的原動機。

6. 接線如圖 16-2 所示。

請注意 直流電源供應器須接下方的紅色與藍色插孔才可調整輸出。

7. 將燈泡負載全部 OFF，使其電阻值 R_L 為 ∞Ω。

8. 開電源(將實驗室電源總開關、實驗桌三相電源開關、實驗桌單相電源開關、交流電源盤三相電源開關及交流電源盤單相電源開關都切到 ON，按下三相電源供應器綠色①按鈕)。

9. 將直流電源供應器的切換開關切到"1"位置，再按下"START"紅色按鈕，然後旋轉藍色"Vadj"旋鈕，調整提供永磁式直流機直流電樞電壓，並以轉速計測試使永磁式直流機轉速達到 1780 rpm(直流多用途電機的額定轉速)。

說明 由第 13 章永磁式直流電動機啟動實驗及轉速控制實驗的結果可知：要使永磁式直流機轉速達到 1780 rpm，提供給永磁式直流機的直流電樞電壓值應該設定為大約 155V。

10. 將三相交直流電源供應器的切換開關切到"ON"位置，調整三相交直流電源供應器使直流多用途電機的電樞電壓 V_L 為 220V。(如果直流多用途電機連接之直流電壓表的數據為負的，將永磁式直流機 A_1 與 A_2 的接線互換）

11. 記錄負載電阻 R_L、負載電壓 V_L 與負載電流 I_L 的數據。

說明 此時的負載電壓值就是無載電壓。

12. 分別調整使燈泡負載為 100W 1 個，100W 2 個，100W 3 個，100W 3 個加 40W 1 個，100W 3 個加 40W 2 個，100W 3 個加 40W 3 個，100W 3 個加 40W 3 個加 60W 1 個，100W 3 個加 40W 3 個加 60W 2 個，100W 3 個加 40W 3 個加 60W 3 個。

13. 關電源(按下三相電源供應器紅色◎按鈕)。

14. 將所有電源開關切到 OFF 或 0 位置。

15. 將所有可變電阻開關切到 OFF 或電阻值最大的位置。

16. 填寫維護卡。

CHAPTER 17

直流串激發電機負載實驗

　　串激直流發電機的等效電路，如圖 17-1 所示，值得注意的是，在無載時($I_L = 0$，$R_L = \infty$)，因串激場線圈沒有流過電流，不會產生磁場，即 $\phi = 0$，理論上 $E_g = K\phi S = 0$，不過有時候因為有剩磁，因此會產生一點點小電壓，當加上負載，因 $I_L \neq 0$，則串激場在鐵心未飽和之前，其所產生的磁場 ϕ 和流過串激場線圈的電流 I_L 成正比，即 I_L 愈大，ϕ 愈大則 $E_g = K\phi S$ 也愈大，由克希荷夫電壓定律，$V_L = E_g - I_L R_a - I_L R_S - j\omega L_S I_L$，直流時 $\omega = 0$，故 $V_L = E_g - (R_a + R_S)I_L$，在串激場鐵心未飽和之前，當 I_L 增加，E_g 的增加量大於$(R_a + R_S)I_L$ 的減少量，故 V_L 呈上升趨勢。但當 I_L 再增大，一方面因為串激場鐵心飽和，I_L 的增加不再使磁場 ϕ 做等比例的增加，故 E_g 增加有限。而且在另一方面，I_L 增大使電樞反應增強，而電樞反應的偏磁效應及去磁效應會使 E_g 降低。因此，當 I_L 再增大，E_g 增加很少，但$(R_a + R_S) I_L$ 的減少量則增加，故 V_L 呈下降趨勢。將負載端電壓 V_L 和負載電流 I_L 畫成外部特性曲線，可發現串激直流發電機的外部特性曲線呈倒 V 字形，和他激直流發電機的外部特性曲線截然不同。

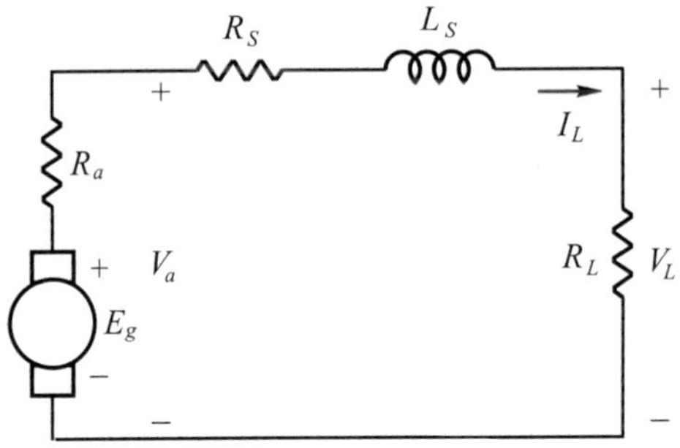

●圖 17-1 串激直流發電機

目的 觀察串激直流發電機的外部特性曲線。

☀ 所需設備

1. 直流電源供應器 1 個。
2. 直流電壓電流表 2 個。
3. 直流多用途電機 1 個。
4. 永磁式直流機 1 個。
5. 燈泡負載 4 個。
6. 轉速計 1 個。(非本實驗模組內的儀器,需另外購買)

☀ 實驗說明

　　直流串激發電機負載實驗接線示意圖,如圖 17-2 所示,由直流電源供應器提供直流電源給永磁式直流機位於轉子的電樞繞組,讓永磁式直流機以 1780 rpm 的轉速(直流多用途電機的額定轉速)當作直流多用途電機(發電機)的原動機,直流多用途電機的電樞繞組,自己提供直流激磁給直流多用途電機位於定子的串激場繞組,並發電供電給負載,以直流電壓電流表測量負載電壓 V_L 與負載電流 I_L,觀察兩者之間的關係。

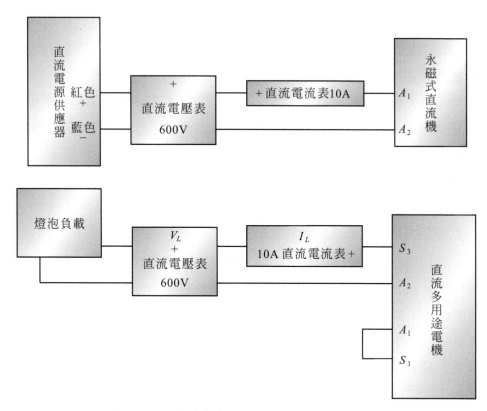

●圖 17-2　直流串激發電機負載實驗接線示意圖

☼實驗步驟

1. 將所有電源開關切到 OFF 或 0 位置。
2. 將所有可變電阻開關切到 OFF 或電阻值最大的位置。
3. 連接所有數位電表上方 AC 110V 插孔，提供數位電表 AC 110V 電源。
4. 連接所有綠色接地插孔，提供接地保護，提高實驗安全性。
5. 將永磁式直流機與直流多用途電機的轉軸耦合，以便讓永磁式直流機當作直流多用途電機(發電機)的原動機。
6. 接線如圖 17-2。

請注意 直流電源供應器須接下方的紅色與藍色插孔才可調整輸出。

7. 將燈泡負載全部 OFF，使其電阻值 R_L 為∞Ω。
8. 開電源(將實驗室電源總開關、實驗桌三相電源開關、實驗桌單相電源開關、交流電源盤三相電源開關及交流電源盤單相電源開關都切到 ON，按下三相電源供應器綠色①按鈕)。

9. 將直流電源供應器的切換開關切到"1"位置，再按下"START"紅色按鈕，然後旋轉藍色"Vadj"旋鈕，調整提供永磁式直流機直流電樞電壓，並以轉速計測試使永磁式直流機轉速達到 1780 rpm(直流多用途電機的額定轉速)。

說明　由第 13 章永磁式直流電動機啟動實驗及轉速控制實驗的結果可知：要使永磁式直流機轉速達到 1780 rpm，提供給永磁式直流機的直流電樞電壓值應該設定為大約 155V。

10. 記錄負載電阻 R_L、負載電壓 V_L 與負載電流 I_L 的數據。(如果直流多用途電機連接之直流電壓表的數據為負的，將永磁式直流機 A_1 與 A_2 的接線互換)

說明　此時的負載電壓值就是無載電壓。

11. 分別調整使燈泡負載 R_L 為 100W 1 個，100W 2 個，100W 3 個，100W 3 個加 60W 1 個，100W 3 個加 60W 1 個加 40W 1 個，100W 3 個加 60W 1 個加 40W 2 個，100W 3 個加 60W 1 個加 40W 3 個，100W 3 個加 60W 1 個加 40W 3 個加 10W 1 個，100W 3 個加 60W 1 個加 40W 3 個加 10W 2 個，100W 3 個加 60W 1 個加 40W 3 個加 10W3 個，並記錄負載電阻 R_L、負載電壓 V_L 與負載電流 I_L 的數據。

12. 關電源(按下三相電源供應器紅色◎按鈕)。

13. 將所有電源開關切到 OFF 或 0 位置。

14. 將所有可變電阻開關切到 OFF 或電阻值最大的位置。

15. 填寫維護卡。

直流複激發電機負載實驗

　　複激直流發電機同時有分激磁場ϕ_f和串激磁場ϕ_S，如果合成磁場$\phi_r = \phi_f + \phi_S$，則為加複激，反之，若$\phi_r = \phi_f - \phi_S$，則為差複激。不過依據接線的不同，又可分為長分複激和短分複激。長分複激如圖 18-1 所示，分激場和負載並聯，而串激場和電樞串聯。

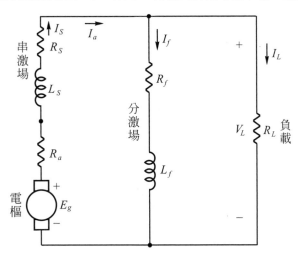

● 圖 18-1　長分複激直流發電機

短分複激如圖 18-2 所示，分激場和電樞並聯，而串激場和負載串聯。

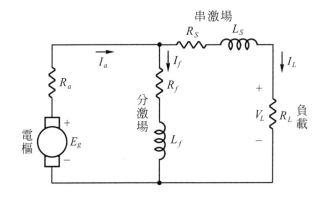

● 圖 18-2　短分複激直流發電機

以上兩種接法，ϕ_f 和 ϕ_S 都會隨負載變動而改變，分析起來比較麻煩，因此在本實驗中，我們以如圖 18-3 的他激與串激形成複激來取代，以便使分析簡化。

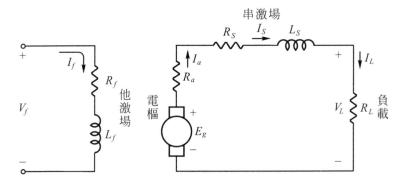

● 圖 18-3　以他激與串激形成複激直流發電機

因為他激場由獨立電源提供，因此 ϕ_f 不受負載影響，為一固定值。由圖 18-3 中可看出 $I_a = I_S = I_L$，當負載電阻 R_L 改變，則 I_L 也跟著改變，故 $\phi_S = K'I_S = K'I_L$ 也隨負載變動。在無載時 $I_L = 0$，$R_L = \infty$，此時無載電壓 $V_{nL} = E_g = K\phi_r S$，因 $I_S = I_L = 0$，故 $\phi_S = 0$，$\phi_r = \phi_f$，故 $V_{nL} = K\phi_f S$。若為加複激，當 I_L 增大，ϕ_S 也增大，$\phi_r = \phi_f + \phi_S$ 也增大，故 $E_g = K\phi_r S$ 也增大，由圖中可看出 $V_L = E_g - I_a(R_a + R_S) = E_g - I_L(R_a + R_S)$，如前所述，$I_L$ 增大時，E_g 增大，但 $I_L(R_a + R_S)$ 也增大，故 V_L 可能增大也可能減少，端看 E_g 和 $I_L(R_a + R_S)$ 那一個的增加幅度較大而定。基本上，在輕載 I_L 小時 V_L 隨 I_L 之增加而增加，但重載 I_L 大時，V_L 則隨 I_L 之增加而減少。若在滿載時的電壓 V_{fL} 大於無載電壓 V_{nL}，則稱為過複激，若 $V_{fL} = V_{nL}$，則稱為平複激，若 $V_{fL} < V_{nL}$，則稱為欠複激，另一方面，如

果是差複激，I_L 增大時，ϕ_S 增大，因 $\phi_r = \phi_f - \phi_S$，故 ϕ_r 減少 E_g 也減少，則 $V_L = E_g - I_L(R_a + R_S)$將因 I_L 增大而急劇下降，各種複激直流發電機的外部特性曲線，如圖 18-4 所示。值得一提的是，如果把串激場反接，即 ϕ_S 的極性反向，可使加複激變成差複激或使差複激變成加複激。

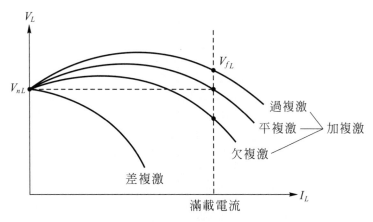

●圖 18-4　複激直流發電機的外部特性曲線

目的　觀察複激直流發電機的外部特性曲線。

所需設備

1. 直流電源供應器 1 個。
2. 直流電壓電流表 3 個。
3. 直流多用途電機 1 個。
4. 三相電源供應器 1 個。
5. 三相交直流電源供應器 1 個。
6. 永磁式直流機 1 個。
7. 燈泡負載 3 個。
8. 轉速計 1 個。(非本實驗模組內的儀器，需另外購買)

實驗說明

　　直流複激發電機負載實驗接線示意圖，如圖 18-5 所示，由直流電源供應器提供直流電源給永磁式直流機位於轉子的電樞繞組，讓永磁式直流機以 1780 rpm 的轉速(直流多用途電機的額定轉速)當作直流多用途電機(發電機)的原動機，並以三相交直流電源供應器，提供直流激磁給直流多用途電機位於定子的並激場繞組(他激式)，直流多用途電機的電樞繞組與串激場繞組串聯發電後供電給負載，以直流電壓電流表測量負載電壓 V_L 與負載電流 I_L，觀察兩者之間的關係。

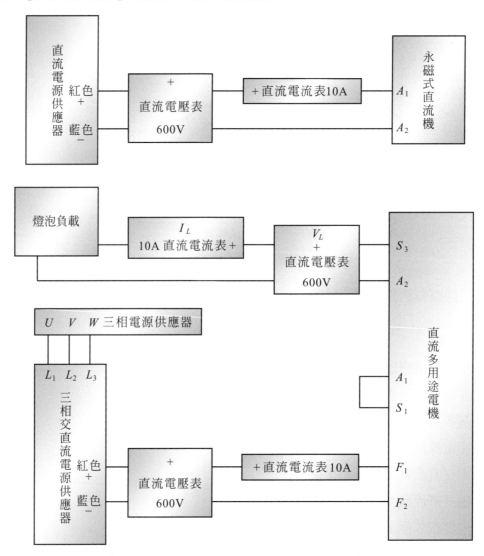

●圖 18-5   直流複激發電機負載實驗接線示意圖

實驗步驟

1.   將所有電源開關切到 OFF 或 0 位置。

2.   將所有可變電阻開關切到 OFF 或電阻值最大的位置。

3.   連接所有數位電表上方 AC 110V 插孔，提供數位電表 AC110V 電源。

4. 連接所有綠色接地插孔，提供接地保護，提高實驗安全性。

5. 將永磁式直流機與直流多用途電機的轉軸耦合，以便讓永磁式直流機當作直流多用途電機(發電機)的原動機。

6. 接線如圖 18-5 所示。

請注意　直流電源供應器須接下方的紅色與藍色插孔才可調整輸出。

7. 將燈泡負載全部 OFF，使其電阻值 R_L 爲∞Ω。

8. 開電源(將實驗室電源總開關、實驗桌三相電源開關、實驗桌單相電源開關、交流電源盤三相電源開關及交流電源盤單相電源開關都切到 ON，按下三相電源供應器綠色①按鈕)。

9. 將直流電源供應器的切換開關切到"1"位置，再按下"START"紅色按鈕，然後旋轉藍色"Vadj"旋鈕，調整提供永磁式直流機直流電樞電壓，並以轉速計測試使永磁式直流機轉速達到 1780 rpm(直流多用途電機的額定轉速)。

說明　由第 13 章永磁式直流電動機啓動實驗及轉速控制實驗的結果可知：要使永磁式直流機轉速達到 1780 rpm，提供給永磁式直流機的直流電樞電壓值應該設定爲大約 155V。

10. 將三相交直流電源供應器的切換開關切到"ON"位置，調整三相交直流電源供應器使直流多用途電機的電樞電壓 V_L 爲 180V。(如果直流多用途電機連接之直流電壓表的數據爲負的，將永磁式直流機 A_1 與 A_2 的接線互換)

11. 記錄負載電阻 R_L、負載電壓 V_L 與負載電流 I_L 的數據。

說明　此時的負載電壓值就是無載電壓。

12. 分別調整使燈泡負載 R_L 爲 100W 1 個，100W 2 個，100W 3 個，100W 3 個加 60W 1 個，100W 3 個加 60W 1 個加 40W 1 個，100W 3 個加 60W 1 個加 40W 2 個，並記錄負載電阻 R_L、負載電壓 V_L 與負載電流 I_L 的數據。

13. 關電源(按下三相電源供應器紅色◎按鈕)。

14. 將所有電源開關切到 OFF 或 0 位置。

15. 將所有可變電阻開關切到 OFF 或電阻值最大的位置。

16. 將 S_1 與 S_3 的接線互換。

說明　將串激場反接，使加複激變成差複激，或使差複激變成加複數。

17. 重複步驟 7～步驟 15。

18. 填寫維護卡。

CHAPTER 19

直流他激電動機負載實驗

　　直流馬達和直流發電機的結構相同，事實上是同一部機器，如果由轉軸輸入機械功率，由電樞輸出電功率，即為發電機的功能。反之，若由電樞輸入電功率，由轉軸輸出機械功率，則為電動機(馬達)的功能。

　　他激直流馬達加上機械負載則如圖 19-1 所示，由圖中可看出反電勢 $E_c = V_a - I_a R_a$，當所加的機械負載 T_m 愈大，則馬達也須產生較大的轉矩 T 才能帶動該機械負載。因 $T = K\phi I_a$，而他激式的激磁由獨立電源提供，為一固定值，故 ϕ 為固定，則 $T = K'I_a$。換句話說，機械負載 T_m 愈大，則電樞的輸入電流 I_a 也愈大。若電樞輸入電壓 V_a 固定，因 $E_c = V_a - I_a R_a$，故 T_m 愈大，使 I_a 愈大，將使 E_c 變小。因為轉速 $S = \dfrac{E_c}{K\phi}$，他激式激

磁 ϕ 為固定，故 $S = K'E_c$，也就是說 T_m 愈大，使 I_a 愈大，使 E_c 變小，將使轉速 S 下降。因此直流他激式馬達的負載特性，如圖 19-2 所示。

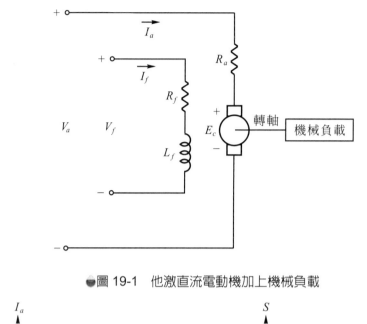

●圖 19-1　他激直流電動機加上機械負載

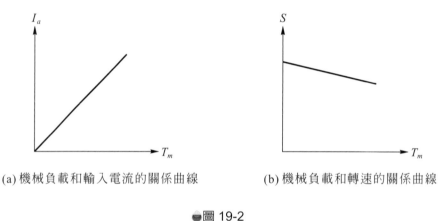

(a) 機械負載和輸入電流的關係曲線　　　(b) 機械負載和轉速的關係曲線

●圖 19-2

　　因為本實驗室中沒有可以變動的機械負載(太昂貴)，所以採用如圖 19-3 所示的變通方式進行實驗。

　　圖 19-1 中的機械負載用圖 19-3 中的永磁式直流發電機與電阻負載取代，當電阻值愈小則電流愈大，消耗功率愈大，則因能量不滅，永磁式直流發電機就必須產生更多的電能，而帶動永磁式直流發電機的直流他激電動機就必須輸出更多的機械能。所以，改變電阻負載的電阻值就相當於改變直流他激電動機的機械負載。

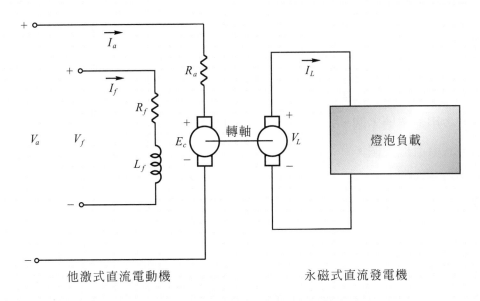

他激式直流電動機　　　　　　　　永磁式直流發電機

●圖 19-3　以永磁式直流發電機和負載代替機械負載

　　由圖 19-3 輸入的電功率 $P_i = V_a I_a + V_f I_f$，而輸出的電功率 P_o 可在永磁式直流發電機與電阻負載之間，加入電壓表與電流表加以測量 $P_o = V_L I_L$。因此效率 $\eta = \dfrac{P_o}{P_i}$。而

$P_i - P_o$ 即為總損失，由於 T_m 和 I_a 成正比，而我們並未測量 T_m 值，故圖 19-2(b)的轉速一負載特性曲線的橫座標可改為 I_a，如圖 19-4 所示，同時也可算出在不同負載下的轉速調整率 $SR = \dfrac{\text{無載轉速} - \text{有載轉速}}{\text{有載轉速}} \times 100\% = \dfrac{S_{nl} - S_l}{S_l} \times 100\%$。

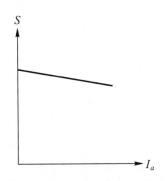

●圖 19-4　輸入電流和轉速的關係曲線

目的　觀察他激直流馬達的轉速一負載特性，並求在不同負載下的效率與轉速調整率。

所需設備

1. 直流電源供應器 1 個。
2. 直流電壓電流表 3 個。
3. 直流多用途電機 1 個。
4. 永磁式直流機 1 個。
5. 燈泡負載 3 個。
6. 轉速計 1 個。(非本實驗模組內的儀器，需另外購買)

實驗說明

　　直流他激電動機負載實驗接線示意圖，如圖 19-5 所示，由直流電源供應器分別提供直流電源給直流多用途電機位於轉子的電樞繞組(右下方的紅色與藍色插孔有經過矽控整流器才適合供應電樞繞組)，以及位於定子的並激場繞組(由獨立電源供電故為他激式)，經由兩組磁場交互作用使直流他激電動機轉動。

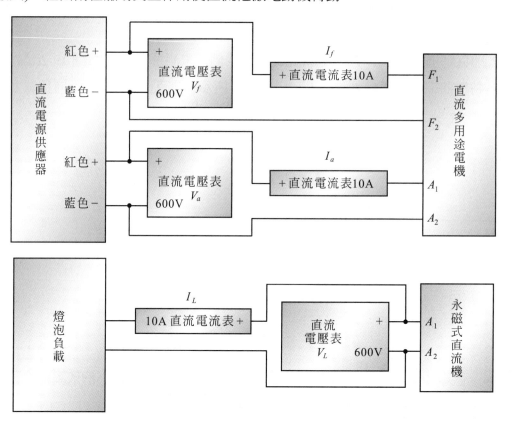

● 圖 19-5　直流他激電動機負載實驗接線示意圖

　　直流他激電動機轉動後，轉軸帶動永磁式直流機，使其發電再供電給電阻負載，則測量電阻負載單元消耗的功率，就可以間接約略地求出直流他激電動機的輸出功率，再計算出直流他激電動機的輸入功率，就能求出效率。

💡實驗步驟

1. 將所有電源開關切到 OFF 或 0 位置。
2. 將所有可變電阻開關切到 OFF 或電阻值最大的位置。
3. 連接所有數位電表上方 AC 110V 插孔，提供數位電表 AC 110V 電源。
4. 連接所有綠色接地插孔，提供接地保護，提高實驗安全性。
5. 接線如圖 19-5 所示。將燈泡負載全部 OFF 使其電阻為∞。
6. 開電源(將實驗室電源總開關、實驗桌三相電源開關、實驗桌單相電源開關、交流電源盤三相電源開關及交流電源盤單相電源開關都切到 ON，按下三相電源供應器綠色①按鈕)。
7. 將直流電源供應器的切換開關切到"1"位置，此時直流電源供應器將提供給直流多用途電機的並激繞組 200V 之激磁電壓。
8. 按下直流電源供應器的"START"紅色按鈕，然後旋轉藍色"Vadj"旋鈕，調整使提供給直流多用途電機的電樞電壓大約為 200V。
9. 記錄轉速 S、電樞電壓 V_a、電樞電流 I_a、激磁電壓 V_f、激磁電流 I_f、負載電壓 V_L、負載電流 I_L。

說明 此時為無載轉速。

10. 關電源(按下三相電源供應器紅色◎按鈕)。
11. 將永磁式直流機與直流多用途電機的轉軸耦合，以便讓永磁式直流機當作直流多用途電機(電動機)的機械負載。
12. 調整使燈泡負載為 100W 1 個。
13. 開電源(將實驗室電源總開關、實驗桌三相電源開關、實驗桌單相電源開關、交流電源盤三相電源開關及交流電源盤單相電源開關都切到 ON，按下三相電源供應器綠色①按鈕)。
14. 將直流電源供應器的切換開關切到"1"位置，此時直流電源供應器將提供給直流多用途電機的並激繞組 200V 之激磁電壓。
15. 按下直流電源供應器的"START"紅色按鈕，然後旋轉藍色"Vadj"旋鈕，調整使提

　　供給直流多用途電機的電樞電壓大約為 200V。

16. 記錄轉速 S、電樞電壓 V_a、電樞電流 I_a、激磁電壓 V_f、激磁電流 I_f、負載電壓 V_L、負載電流 I_L。

17. 分別調整使燈泡負載 R_L 為 100W 2 個，100W 3 個，100W 3 個加 60W 1 個，100W 3 個加 60W 2 個，100W 3 個加 60W 3 個，100W 3 個加 60W3 個加 40W 1 個，並分別記錄轉速 S、電樞電壓 V_a、電樞電流 I_a、激磁電壓 V_f、激磁電流 I_f、負載電壓 V_L、負載電流 I_L。

18. 關電源(按下三相電源供應器紅色◎按鈕)。

19. 將所有電源開關切到 OFF 或 0 位置。

20. 將所有可變電阻開關切到 OFF 或電阻值最大的位置。

21. 填寫維護卡。

CHAPTER 20

直流他激電動機電樞電壓控速法

在直流馬達的應用中，經常需要控制馬達的轉速。最常用的有兩種方法，一種是電樞電壓控速法，另一種是磁場電流控速法。在此先介紹電樞電壓控速法。他激直流馬達加固定機械負載的等效電路，如圖 20-1 所示。因為所加的機械負載是固定的，因此所需的機械轉矩也是固定的，意即 $T = K\phi I_a = K_1$。而他激式在激磁固定的情形下 ϕ 也是固定的，所以電樞電流 I_a 基本上也是固定不變的，但是當轉速提高，風阻等轉動損增加，將可能使 I_a 稍微上升。

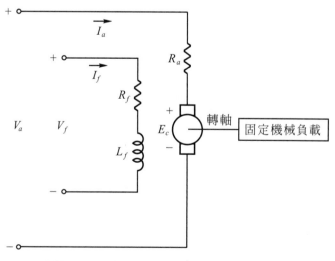

●圖 20-1　直流他激電動機加固定機械負載

由圖 20-1 可知，反電勢 $E_c = V_a - I_a R_a$。如上所述，因 I_a 固定，而電樞電阻 R_a 也是定值，故 $I_a R_a$ 是定值，則 E_c 隨外加電樞電壓而變動。轉速 $S = \dfrac{E_c}{K\phi} = \dfrac{V_a - I_a R_a}{K_2}$，故 V_a 增大，S 也增大。所以可用外加電樞電壓的大小來控制馬達的轉速。

本實驗中，我們用同步機的轉子做為他激直流馬達的固定機械負載，也可將同步機改成感應機或永磁式直流機。

目的▶ 在固定激磁，固定負載的狀況下，求電樞電壓和轉速的相關曲線。

☼ 所需設備

1.   直流電源供應器 1 個。
2.   直流電壓電流表 2 個。
3.   直流多用途電機 1 個。
4.   三相凸極式同步機 1 個。
5.   三相電源供應器 1 個。
6.   三相交直流電源供應器 1 個。
7.   轉速計 1 個。(非本實驗模組內的儀器，需另外購買)

☼ 實驗說明

直流他激電動機電樞電壓控速法實驗接線示意圖，如圖 20-2 所示，由直流電源供應器提供直流電源給直流多用途電機位於轉子的電樞繞組(右下方的紅色與藍色插孔有經過矽控整流器才適合供應電樞繞組)，並由三相交直流電源供應器，提供直流電源給直流多用途電機位於定子的並激場繞組(由獨立電源供電故為他激式)，經由兩組磁場交互作用使直流他激電動機轉動。

調整提供給直流多用途電機電樞繞組的直流電壓，就能改變轉速，並求出電樞電壓與轉速的關係。

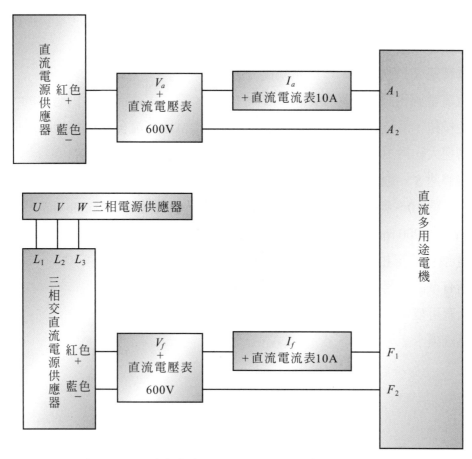

●圖 20-2　他激直流電動機電樞電壓控速法接線示意圖

實驗步驟

1. 將所有電源開關切到 OFF 或 0 位置。

2. 將所有可變電阻開關切到 OFF 或電阻值最大的位置。

3. 連接所有數位電表上方 AC 110V 插孔，提供數位電表 AC 110V 電源。

4. 連接所有綠色接地插孔，提供接地保護，提高實驗安全性。

5. 將三相凸極式同步機與直流多用途電機的轉軸耦合，以便讓三相凸極式同步機當作直流多用途電機(發電機)的機械負載。

6. 接線如圖 20-2 所示。

7. 開電源(將實驗室電源總開關、實驗桌三相電源開關、實驗桌單相電源開關、交流電源盤三相電源開關及交流電源盤單相電源開關都切到 ON，按下三相電源供應器綠色①按鈕)。

8. 調整三相交直流電源供應器使直流電流表 I_f，顯示大約 0.15A，提供直流多用途電機額定激磁。

9. 記錄轉速 S、電樞電壓 V_a 與電樞電流 I_a。

10. 將直流電源供應器的切換開關切到"1"位置，再按下直流電源供應器的"START"紅色按鈕，然後旋轉藍色"Vadj"旋鈕，調整提供給直流多用途電機的電樞電壓，使轉速大約為 100 rpm。

11. 記錄轉速 S、電樞電壓 V_a 與電樞電流 I_a。

12. 重複步驟 10～步驟 11，調整直流電源供應器，使轉速大約為 300 rpm、500 rpm、700 rpm、900 rpm、…、1700 rpm。

13. 關電源(按下三相電源供應器紅色◎按鈕)。

14. 將所有電源開關切到 OFF 或 0 位置。

15. 將所有可變電阻開關切到 OFF 或電阻值最大的位置。

16. 填寫維護卡。

CHAPTER 21

直流他激電動機磁場電流控速法

除了電樞電壓控速法以外,磁場電流控速法也經常被用來控制直流馬達的轉速。他激直流馬達加固定機械負載的等效電路,如圖 21-1 所示。

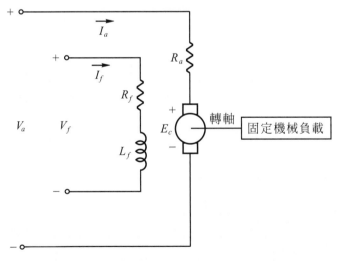

●圖 21-1 他激直流馬達加固定機械負載

因為所加的機械負載是固定的,因此所需的機械轉矩也是固定的,換句話說,$T = K\phi I_a = K_1$。當磁場電流 I_f 減少,則 ϕ 減少,故 I_a 須增加才能使 T 維持定值。由圖 21-1 可知,反電勢 $E_c = V_a - I_a R_a$,在外加電樞電壓 V_a 固定的情形下,當 I_f 減少,使 ϕ 減少,

會使 I_a 增加，但通常 I_aR_a 的值遠小於 V_a 的值，故 E_c 的變動很小。但轉速 $S = \dfrac{E_c}{K\phi}$，當 I_f 減少，使 ϕ 減少，則 S 上升。所以可用磁場電流 I_f 的大小來控制直流馬達的轉速。

在本實驗中，我們用同步機的轉子做為他激直流馬達的固定機械負載，同步機也可改為感應機或永磁式直流機。

目的 在固定電樞電壓，固定負載的狀況下，求激磁電流和轉速的相關曲線。

所需設備

1. 直流電源供應器 1 個。
2. 直流電壓電流表 2 個。
3. 直流多用途電機 1 個。
4. 三相凸極式同步機 1 個。
5. 三相電源供應器 1 個。
6. 三相交直流電源供應器 1 個。
7. 轉速計 1 個。(非本實驗模組內的儀器，需另外購買)

實驗說明

直流他激電動機磁場電流控速法實驗接線示意圖，如圖 21-2 所示，由直流電源供應器提供直流電源給直流多用途電機位於轉子的電樞繞組(右下方的紅色與藍色插孔有經過矽控整流器才適合供應電樞繞組)，並由三相交直流電源供應器，提供直流電源給直流多用途電機位於定子的並激場繞組(由獨立電源供電故為他激式)，經由兩組磁場交互作用使直流他激電動機轉動。

調整提供給直流多用途電機並激場繞組的直流電流，就能改變轉速，並求出磁場電流與轉速的關係。

請注意 因為轉速 $S = \dfrac{E_c}{K\phi}$，當 I_f 減少，使 ϕ 減少，若使分母趨近於零，則轉速將趨近無窮大，造成飛脫產生危險，所以在降低激磁電流時務必緩慢調整，切勿快轉，以免造成危險。

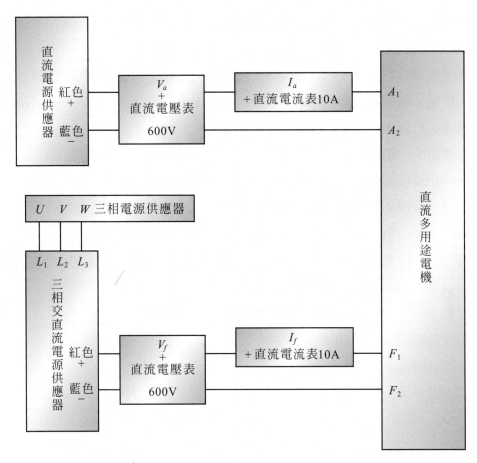

●圖 21-2　他激直流電動機磁場電流控速法接線示意圖

☀️實驗步驟

1. 將所有電源開關切到 OFF 或 0 位置。

2. 將所有可變電阻開關切到 OFF 或電阻值最大的位置。

3. 連接所有數位電表上方 AC 110V 插孔，提供數位電表 AC 110V 電源。

4. 連接所有綠色接地插孔，提供接地保護，提高實驗安全性。

5. 將三相凸極式同步機與直流多用途電機的轉軸耦合，以便讓三相凸極式同步機當作直流多用途電機(電動機)的機械負載。

6. 接線如圖 21-2 所示。

7. 開電源(將實驗室電源總開關、實驗桌三相電源開關、實驗桌單相電源開關、交流電源盤三相電源開關及交流電源盤單相電源開關都切到 ON，按下三相電源供應器綠色①按鈕)。

8.　調整三相交直流電源供應器，使直流電流表 I_f 顯示大約 0.15A，提供直流多用途電機額定激磁。

9.　將直流電源供應器的切換開關切到"1"位置，再按下直流電源供應器的"START"紅色按鈕，然後旋轉藍色"Vadj"旋鈕，調整提供給直流多用途電機的電樞電壓，使轉速大約為 700 rpm。

10.　記錄轉速 S、電樞電壓 V_a 與電樞電流 I_a、磁場電壓 V_f 與磁場電流 I_f。

11.　調整三相交直流電源供應器使轉速大約為 900 rpm。

請注意 務必緩慢調整以避免磁場太低而造成飛脫。

12.　記錄轉速 S、電樞電壓 V_a 與電樞電流 I_a、磁場電壓 V_f 與磁場電流 I_f。

13.　重複步驟 11～步驟 12，分別調整三相交直流電源供應器，使轉速顯示大約為 1100 rpm、1300 rpm、1500 rpm、1700 rpm。

14.　關電源(按下三相電源供應器紅色◎按鈕)。

15.　將所有電源開關切到 OFF 或 0 位置。

16.　將所有可變電阻開關切到 OFF 或電阻值最大的位置。

17.　填寫維護卡。

CHAPTER 22

直流串激電動機負載實驗

　　直流馬達和直流發電機的結構相同，事實上是同一部機器，如果由轉軸輸入機械功率，由電樞輸出電功率，即為發電機的功能。反之，若由電樞輸入電功率，由轉軸輸出機械功率，則為電動機(馬達)的功能。

　　串激直流電動機加上機械負載，如圖 22-1 所示，由圖中可以看出反電勢
$E_c = V_a - I_a R_a - I_S R_S = V_a - I_a (R_a + R_S)$。

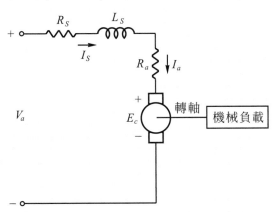

圖 22-1　串激直流電動機加上機械負載

　　當所加的機械負載 T_m 愈大，則馬達也須產生較大的轉矩 T，才能帶動該機械負載。因 $T = k\phi_S I_a$，而串激式的激磁 ϕ_S 與串激場電流 I_S 成正比，如果串激場沒有加分流電阻，

則如圖 22-1 所示，$I_S = I_a$，所以轉矩 $T = K(K_1 I_a)I_a = K_3 I_a^2$。機械負載 T_m 愈大，轉矩 T 愈大，電樞電流 I_a 也愈大。

而轉速

$$S = \frac{E_c}{k\phi_S} = \frac{E_c}{k(k_1 I_a)} = \frac{E_c}{k_2 I_a}$$

當機械負載 T_m 愈大，電樞電流 I_a 愈大，會使轉速急速降低，同時 I_a 愈大，會使反電勢 E_c 變小，也會使轉速降低。

串激直流電動機轉速 S 與電樞電流 I_a 的相關曲線，如圖 22-2 所示。

請注意 輕載時電樞電流 I_a 很小，會使轉速飛脫造成危險，所以串激直流電動機不可以無載啓動！

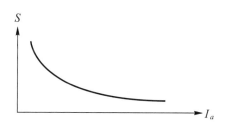

●圖 22-2　串激直流電動機轉速 S 與電樞電流 I_a 的相關曲線

因爲本實驗室中沒有可以變動的機械負載，所以採用如圖 22-3 所示的變通方式進行實驗。

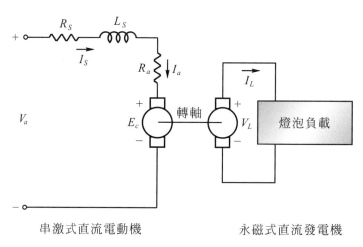

串激式直流電動機　　　　　　　　永磁式直流發電機

●圖 22-3　以永磁式直流發電機與電阻負載取代直流串激電動機的機械負載

圖 22-1 中的機械負載用圖 22-3 中的永磁式直流發電機與電阻負載取代,當電阻值愈小則電流愈大,消耗功率愈大,則因能量不滅,永磁式直流發電機就必須產生更多的電能,而帶動永磁式直流發電機的直流串激電動機,就必須輸出更多的機械能。所以,改變電阻負載的電阻值就相當於改變直流串激電動機的機械負載。

由圖 22-3 輸入的電功率 $P_i = V_a I_a$,而輸出的電功率 P_o 可在永磁式直流發電機與電阻負載之間加入電壓表與電流表加以測量 $P_o = V_L I_L$,輸出除以輸入即為效率。

目的 ▶ 觀察串激直流馬達的轉速-負載特性。

所需設備

1. 直流電源供應器 1 個。
2. 直流電壓電流表 2 個。
3. 直流多用途電機 1 個。
4. 永磁式直流機 1 個。
5. 燈泡負載 4 個。
6. 轉速計 1 個。(非本實驗模組內的儀器,需另外購買)

實驗說明

直流串激電動機負載實驗接線示意圖,如圖 22-4 所示,由直流電源供應器提供直流電源給直流多用途電機位於轉子的電樞繞組(右下方的紅色與藍色插孔有經過矽控整流器才適合供應電樞繞組),以及位於定子的串激場繞組,經由兩組磁場交互作用,使直流串激電動機轉動。

直流串激電動機轉動後,轉軸帶動永磁式直流機,使其發電再供電給電阻負載,則測量電阻負載單元消耗的功率,就可以間接約略地求出直流串激電動機的輸出功率,再計算出直流串激電動機的輸入功率,就能求出效率。

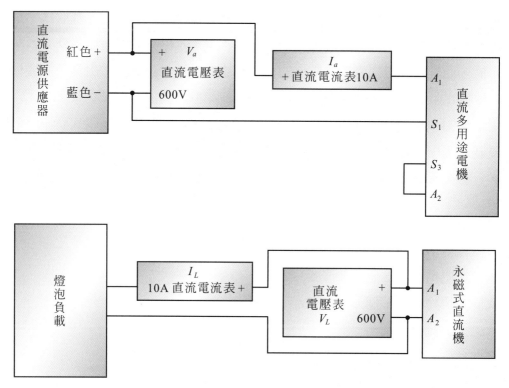

● 圖 22-4　直流串激電動機負載實驗接線示意圖

實驗步驟

1. 將所有電源開關切到 OFF 或 0 位置。
2. 將所有可變電阻開關切到 OFF 或電阻值最大的位置。
3. 連接所有數位電表上方 AC 110V 插孔,提供數位電表 AC 110V 電源。
4. 連接所有綠色接地插孔,提供接地保護,提高實驗安全性。
5. 將永磁式直流機與直流多用途電機的轉軸耦合,以便讓永磁式直流機當作直流多用途電機(電動機)的機械負載。
6. 接線如圖 22-4 所示。
7. 調整使燈泡負載全部 OFF,機械負載只有永磁式直流機的轉軸。
8. 開電源(將實驗室電源總開關、實驗桌三相電源開關、實驗桌單相電源開關、交流電源盤三相電源開關及交流電源盤單相電源開關都切到 ON,按下三相電源供應器綠色①按鈕)。

9. 將直流電源供應器的切換開關切到"1"位置，再按下直流電源供應器的"START"
   紅色按鈕，然後旋轉藍色"Vadj"旋鈕，調整提供給直流多用途電機的轉速大約為
   1780rpm(額定轉速)。

10. 記錄轉速 S、電樞電壓 V_a 與電樞電流 I_a、磁場電壓 V_L 與磁場電流 I_L。

11. 分別調整使燈泡負載 R_L 為 10W 1 個，10W 2 個，10W 3 個，10W 3 個加 40W 1
    個，10W 3 個加 40W 2 個，10W 3 個加 40W 3 個，10W 3 個加 40W 3 個加 60W 1
    個，10W 3 個加 40W 3 個加 60W 2 個，10W 3 個加 40W 3 個加 60W 3 個，10W 3
    個加 40W 3 個加 60W 3 個加 100W 1 個，10W 3 個加 40W 3 個加 60W 3 個加 100W
    2 個，10W 3 個加 40W 3 個加 60W 3 個加 100W 3 個，並分別記錄轉速 S、電樞電
    壓 V_a、電樞電流 I_a、負載電壓 V_L、負載電流 I_L。

12. 關電源(按下三相電源供應器紅色◎按鈕)。

13. 將所有電源開關切到 OFF 或 0 位置。

14. 將所有可變電阻開關切到 OFF 或電阻值最大的位置。

15. 填寫維護卡。

CHAPTER 23

直流複激電動機負載實驗

直流馬達和直流發電機的結構相同，事實上是同一部機器，如果由轉軸輸入機械功率，由電樞輸出電功率，即為發電機的功能。反之，若由電樞輸入電功率，由轉軸輸出機械功率，則為電動機(馬達)的功能。

複激直流電動機加上機械負載，如圖 23-1 所示，由圖中可以看出反電勢

$E_c = V_a - I_a R_a - I_S R_S = V_a - I_a (R_a + R_S)$。

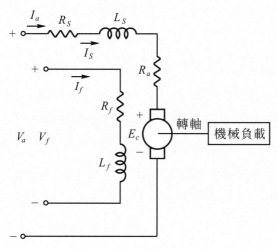

● 圖 23-1 複激直流電動機加上機械負載

當所加的機械負載 T_m 愈大,則馬達也須產生較大的轉矩 T,才能帶動該機械負載。

複激直流電動機同時有並激場 ϕ_f 與串激場 ϕ_S,通常設計並激場 ϕ_f 遠大於串激場 ϕ_S,如果並激場 ϕ_f 與串激場 ϕ_S 極性相同,則 $T = K\phi I_a = K(\phi_f + \phi_S) I_a$,稱為加複激。如果並激場 ϕ_f 與串激場 ϕ_S 極性不同,則 $T = K\phi I_a = K(\phi_f - \phi_S) I_a$,稱為差複激。

如果並激場由固定電源提供,則可視為定值,而串激式的激磁 ϕ_S 與串激場電流 I_S 成正比,如果串激場沒有加分流電阻,則如圖 23-1 所示,$I_S = I_a$,所以 ϕ_S 與 I_a 成正比。

機械負載 T_m 愈大,轉矩 T 愈大,電樞電流 I_a 也愈大。

如果是加複激,$T = K\phi I_a = K(\phi_f + \phi_S) I_a$,$(\phi_f + \phi_S)$ 較大,所以 I_a 較小。

如果是差複激,$T = K\phi I_a = K(\phi_f - \phi_S) I_a$,$(\phi_f - \phi_S)$ 較小,所以 I_a 較大。

而加複激直流電動機的轉速

$$S = \frac{E_c}{k(\phi_f + \phi_S)}$$

當機械負載 T_m 愈大,電樞電流 I_a 愈大,會使 ϕ_S 增大,使分母變大,使轉速降低,同時 I_a 愈大,會使反電勢 E_c 變小,也會使轉速降低。

而差複激直流電動機的轉速

$$S = \frac{E_c}{k(\phi_f - \phi_S)}$$

當機械負載 T_m 愈大,電樞電流 I_a 愈大,會使 ϕ_S 增大,使分母變小,使轉速上升,同時 I_a 愈大,會使反電勢 E_c 變小,則會使轉速降低。

在輕載時,因 I_a 很小,ϕ_S 增加很少,而通常設計並激場 ϕ_f 遠大於串激場 ϕ_S,所以分母變小很少,轉速上升效應有限,而 I_a 增加,會使反電勢 E_c 變小,則會使轉速降低,所以在輕載時,差複激直流電動機的轉速大約呈下降趨勢。

在重載時,因 I_a 很大,ϕ_S 增加很多,所以分母變小很多,轉速上升效應明顯。

因此,當負載逐漸增加會發現差複激直流電動機的轉速先降低後增高。

複激直流電動機轉速 S 與電樞電流 I_a 的相關曲線,如圖 23-2 所示,當負載逐漸增加,加複激直流電動機的轉速逐漸下降,而差複激直流電動機的轉速可能先降低後增高,也可能直接增高。

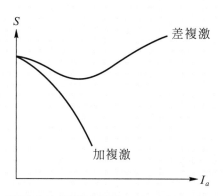

●圖 23-2　複激直流電動機轉速 S 與電樞電流 I_a 的相關曲線

因為本實驗室中沒有可以變動的機械負載，所以採用如圖 23-3 所示的變通方式進行實驗。

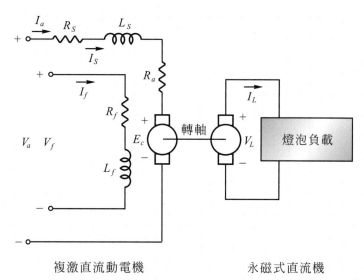

●圖 23-3　以永磁式直流發電機與電阻負載取代直流複激電動機的機械負載

圖 23-1 中的機械負載用圖 23-3 中的永磁式直流發電機與電阻負載取代，當電阻值愈小則電流愈大，消耗功率愈大，則因能量不滅，永磁式直流發電機就必須產生更多的電能，而帶動永磁式直流發電機的直流複激電動機就必須輸出更多的機械能。所以改變電阻負載的電阻值，就相當於改變直流複激電動機的機械負載。

由圖 23-3 輸入的電功率 $P_i = V_a I_a + V_f I_f$，而輸出的電功率 P_o 可在永磁式直流發電機與電阻負載之間加入電壓表與電流表加以測量 $P_o = V_L I_L$，輸出除以輸入即為效率。

目的　觀察複激直流馬達的轉速-負載特性。

所需設備

1. 直流電源供應器 1 個。
2. 直流電壓電流表 3 個。
3. 直流多用途電機 1 個。
4. 永磁式直流機 1 個。
5. 燈泡負載 2 個。
6. 轉速計 1 個。(非本實驗模組內的儀器，需另外購買)

實驗說明

　　直流複激電動機負載實驗接線示意圖，如圖 23-4 所示，由直流電源供應器提供直流電源給直流多用途電機位於轉子的電樞繞組(右下方的紅色與藍色插孔有經過矽控整流器才適合供應電樞繞組)，以及位於定子的串激場繞組與並激場繞組，經由磁場交互作用使直流複激電動機轉動。

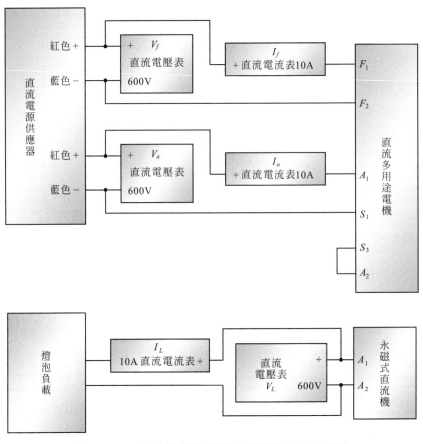

●圖 23-4　直流複激電動機負載實驗接線示意圖

　　直流複激電動機轉動後，轉軸帶動永磁式直流機，使其發電再供電給電阻負載，則測量電阻負載單元消耗的功率，就可以間接約略地求出直流複激電動機的輸出功率，再計算出直流複激電動機的輸入功率，就能求出效率。

⚡ 實驗步驟

1. 將所有電源開關切到 OFF 或 0 位置。
2. 將所有可變電阻開關切到 OFF 或電阻值最大的位置。
3. 連接所有數位電表上方 AC 110V 插孔，提供數位電表 AC 110V 電源。
4. 連接所有綠色接地插孔，提供接地保護，提高實驗安全性。
5. 接線如圖 23-4 所示。燈泡負載全部 OFF。
6. 開電源(將實驗室電源總開關、實驗桌三相電源開關、實驗桌單相電源開關、交流電源盤三相電源開關及交流電源盤單相電源開關都切到 ON，按下三相電源供應器綠色①按鈕)。
7. 將直流電源供應器的切換開關切到"1"位置，此時直流電源供應器將提供給直流多用途電機的並激繞組 90V 之激磁電壓。
8. 按下直流電源供應器的"START"紅色按鈕，然後旋轉藍色"Vadj"旋鈕，調整提供給直流多用途電機的電樞電壓大約為 200V。
9. 紀錄轉速 S、電樞電壓 V_a、電樞電流 I_a、激磁電壓 V_f、激磁電流 I_f、負載電壓 V_L、負載電流 I_L。

> 說明　此時為無載轉速。

10. 關電源(按下三相電源供應器紅色◎按鈕)。
11. 將永磁式直流機與直流多用途電機的轉軸耦合，以便讓永磁式直流機當作直流多用途電機(電動機)的機械負載。
12. 調整使燈泡負載為 10W 1 個。
13. 開電源(將實驗室電源總開關、實驗桌三相電源開關、實驗桌單相電源開關、交流電源盤三相電源開關及交流電源盤單相電源開關都切到 ON，按下三相電源供應器綠色①按鈕)。
14. 將直流電源供應器的切換開關切到"1"位置，此時直流電源供應器將提供給直流多用途電機的並激繞組 200V 之激磁電壓。
15. 按下直流電源供應器的"START"紅色按鈕，然後旋轉藍色"Vadj"旋鈕，調整提供

給直流多用途電機的電樞電壓大約為 90V。(降為 90V 以避免電壓超過額定)

16. 紀錄轉速 S、電樞電壓 V_a、電樞電流 I_a、激磁電壓 V_f、激磁電流 I_f、負載電壓 V_L、負載電流 I_L。

17. 分別調整使燈泡負載為 10W 2 個，10W 3 個，10W 3 個加 40W 1 個，10W 3 個加 40W 2 個，10W 3 個加 40W 3 個，並分別記錄轉速 S、電樞電壓 V_a、電樞電流 I_a、激磁電壓 V_f、激磁電流 I_f、負載電壓 V_L、負載電流 I_L。

18. 關電源(按下三相電源供應器紅色◎按鈕)。

19. 將所有電源開關切到 OFF 或 0 位置。

20. 將所有可變電阻開關切到 OFF 或電阻值最大的位置。

21. 將直流多用途電機的 S_1 與 S_3 接點互換。

說明 ▶ 讓加複激變成差複激，或者讓差複激變成加複激。

22. 重複步驟 12～步驟 20。

23. 填寫維護卡。

CHAPTER 24

直流永磁發電機負載實驗

　　直流永磁發電機加上負載之後的等效電路與直流他激發電機加上負載之後的等效電路相同，直流他激發電機加上負載之後的等效電路，如圖 24-1 所示。由無載實驗我們知道，無載時 $R_L = \infty$，$I_a = I_L = 0$，故 $V_L = E_g$，稱為無載電壓 V_{nL}，一旦加上負載，因 $I_a = I_L \neq 0$，故由克希荷夫電壓定律得知，$V_L = E_g - I_a R_a$，由於電樞繞組的電阻會造成壓降，當 I_a 愈大，電樞壓降就愈大，故負載愈重(I_a 愈大，R_L 愈小)時，負載端電壓 V_L 會愈低。另一方面，當電樞電流 $I_a \neq 0$ 時，會產生電樞反應，因電樞反應包含偏磁效應和去磁效應，故 I_a 愈大會造成磁場愈弱，因 $E_g = K\phi S$，故磁場 ϕ 減弱會造成 E_g 下降，又因 $V_L = E_g - I_a R_a$，所以連帶使 V_L 下降。總而言之，當負載愈重(I_a 愈大)則負載端電壓 V_L 就愈低，當負載恰為額定負載，即 I_a 等於其額定值時，則為滿載的情況，此時對應的端電壓 V_L 稱為滿載電壓 V_{fl}。因為直流發電機是一個定電壓源，不論負載如何改變，我們希望發電機提供給負載的電壓能維持固定，或至少在一個可容許的小範圍內變動。因此，通常定義由無載到滿載的電壓調整率

$$\text{VR} = \frac{\text{無載電壓} - \text{滿載電壓}}{\text{滿載電壓}} \times 100\% = \frac{V_{nl} - V_{fl}}{V_{fl}} \times 100\%$$

一般以 VR < 5%或 VR < 10%為可容許的變動範圍。而當負載為某一特定值時，將其所對應的負載端電壓 V_L 代入 VR 公式的 V_{fl}，也可算出在該負載狀況時的電壓調整率。若將 V_L 和 I_L 的關係畫成曲線，則成為永磁式直流發電機的外部特性曲線。

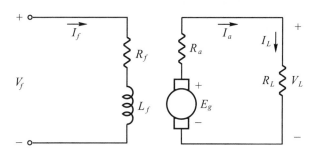

●圖 24-1　有負載的直流他激發電機

目的▶　求直流永磁發電機在各種不同負載狀況下的電壓調整率，並畫出其外部特性。

☼ 所需設備

1. 直流電源供應器 1 個。
2. 直流電壓電流表 3 個。
3. 直流多用途電機 1 個。
4. 永磁式直流機 1 個。
5. 燈泡負載 3 個。
6. 轉速計 1 個。(非本實驗模組內的儀器，需另外購買)

☼ 實驗說明

　　直流永磁發電機負載實驗接線示意圖，如圖 24-2 所示，由直流電源供應器提供直流電源給直流多用途電機位於轉子的電樞繞組，與位於定子的並激場繞組(他激式)，讓直流多用途電機以 1780 rpm 的轉速(直流多用途電機的額定轉速)當作永磁式直流機(發電機)的原動機，直流永磁發電機的電樞繞組發電後供電給負載，以直流電壓電流表測量負載電壓 V_L 與負載電流 I_L，觀察兩者之間的關係。

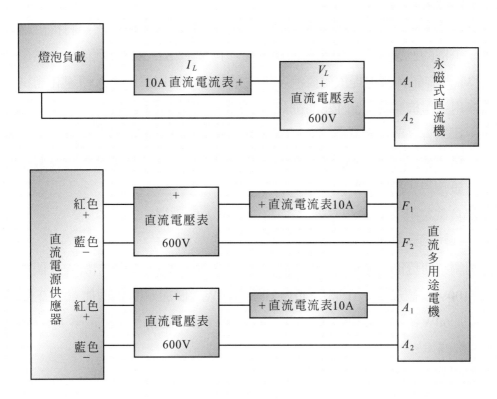

●圖 24-2　直流永磁發電機負載實驗接線示意圖

☀ 實驗步驟

1. 將所有電源開關切到 OFF 或 0 位置。

2. 將所有可變電阻開關切到 OFF 或電阻值最大的位置。

3. 連接所有數位電表上方 AC 110V 插孔，提供數位電表 AC 110V 電源。

4. 連接所有綠色接地插孔，提供接地保護，提高實驗安全性。

5. 將永磁式直流機與直流多用途電機的轉軸耦合，以便讓直流多用途電機當作永磁式直流機(發電機)的原動機。

6. 接線如圖 24-2 所示。

請注意 ▶ 直流電源供應器須接下方的紅色與藍色插孔才可供給電樞繞組。

7. 將燈泡負載全部 OFF，使其電阻值 R_L 為 ∞Ω。

8. 開電源(將實驗室電源總開關、實驗桌三相電源開關、實驗桌單相電源開關、交流電源盤三相電源開關及交流電源盤單相電源開關都切到 ON，按下三相電源供應器綠色①按鈕)。

9. 將直流電源供應器的切換開關切到"1"位置，此時直流電源供應器將提供給直流多用途電機的並激繞組 200V 之激磁電壓。再按下"START"紅色按鈕，然後旋轉藍色"Vadj"旋鈕，調整提供給直流多用途電機的電樞電壓，並以轉速計測試，使直流多用途電機轉速達到 1780 rpm(直流多用途電機的額定轉速)。

說明　由第 20 章他激式直流電動機啓動實驗及轉速控制實驗的結果可知：要使他激式直流機轉速達到 1780rpm，提供給他激式直流機的直流電樞電壓值應該設定為大約 205V。

10. 紀錄負載電阻 R_L、負載電壓 V_L 與負載電流 I_L 的數據。

說明　此時的負載電壓值就是無載電壓。

11. 分別調整使燈泡負載爲 100W 1 個，100W 2 個，100W 3 個，100W 3 個加 60W 1 個，100W 3 個加 60W 1 個加 40W 1 個，100W 3 個加 60W 1 個加 40W 2 個，100W 3 個加 60W 1 個加 40W 3 個。並分別紀錄負載電阻 R_L、負載電壓 V_L 與負載電流 I_L 的數據。

12. 關電源(按下三相電源供應器紅色◎按鈕)。

13. 將所有電源開關切到 OFF 或 0 位置。

14. 將所有可變電阻開關切到 OFF 或電阻值最大的位置。

15. 填寫維護卡。

CHAPTER 25

直流永磁電動機負載實驗

　　直流永磁式電動機也可以看成是一種直流他激電動機，只是原本由獨立電源供電的固定磁場，改為由永久磁鐵提供固定磁場，所以直流永磁式電動機的特性與直流他激電動機的特性極為相似。

　　永磁式直流電動機加上機械負載與直流他激電動機，加上機械負載之後的等效電路相同。

　　他激直流馬達加上機械負載，則如圖 25-1 所示，由圖中可看出反電勢 $E_c = V_a - I_a R_a$。當所加的機械負載 T_m 愈大，則馬達也須產生較大的轉矩 T，才能帶動該機械負載。因 $T = K\phi I_a$，而他激式的激磁由獨立電源提供，為一固定值，故 ϕ 為固定，則 $T = K'I_a$。換句話說，機械負載 T_m 愈大，則電樞的輸入電流 I_a 也愈大。若電樞輸入電壓 V_a 固定，因 $E_c = V_a - I_a R_a$，故 T_m 愈大，使 I_a 愈大，將使 E_c 變小。因為轉速 $S = \dfrac{E_c}{K\phi}$，永磁式激磁 ϕ 為固定，故 $S = K'E_c$，也就是說 T_m 愈大，使 I_a 愈大，使 E_c 變小，將使轉速 S 下降。因此直流永磁式馬達的負載特性如圖 25-2 所示。

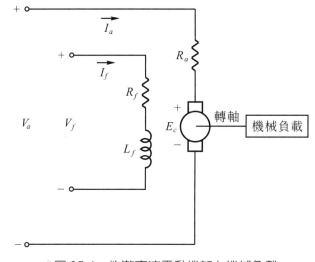

●圖 25-1　他激直流電動機加上機械負載

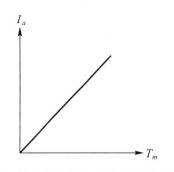

(a) 機械負載和輸入電流的關係曲線

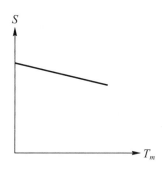

(b) 機械負載和轉速的關係曲線

●圖 25-2　永磁式直流電動機特性

　　因為本實驗室中沒有可以變動的機械負載，所以採用如圖 25-3 所示的變通方式進行實驗。

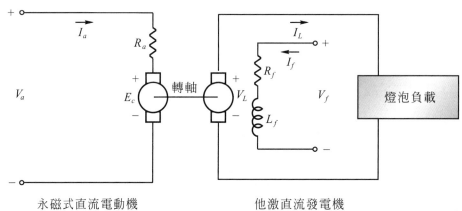

永磁式直流電動機　　　　　　　　他激直流發電機

●圖 25-3　以他激直流發電機與電阻負載取代永磁式直流電動機的機械負載

　　圖 25-1 中的機械負載用圖 25-3 中的他激直流發電機與電阻負載取代，當電阻值愈小則電流愈大，消耗功率愈大，則因能量不滅，他激直流發電機就必須產生更多的電能，而帶動他激直流發電機的永磁式直流電動機就必須輸出更多的機械能。所以改變電阻負載的電阻值就相當於改變永磁式直流電動機的機械負載。

　　由圖 25-3 輸入的電功率 $P_i = V_a I_a$，而輸出的電功率 P_o 可在他激直流發電機與電阻負載之間加入電壓表與電流表加以測量 $P_o = V_L I_L$，輸出除以輸入即為效率。

目的 觀察永磁式直流馬達的轉速-負載特性。

所需設備

1. 直流電源供應器 1 個。
2. 直流電壓電流表 3 個。
3. 直流多用途電機 1 個。
4. 永磁式直流機 1 個。
5. 燈泡負載 4 個。
6. 轉速計 1 個。(非本實驗模組內的儀器，需另外購買)

實驗說明

永磁式直流電動機負載實驗接線示意圖，如圖 25-4 所示，由直流電源供應器提供直流電源給永磁式直流電動機位於轉子的電樞繞組(右下方的紅色與藍色插孔有經過矽控整流器才適合供應電樞繞組)，經由與永久磁鐵兩組磁場交互作用，使永磁式直流電動機轉動。

　　再由直流電源供應器，提供直流電源給直流多用途電機位於定子的並激場繞組(由獨立電源供電故為他激)，　永磁式直流電動機轉動後轉軸帶動他激式直流機，使其發電再供電給電阻負載，則測量電阻負載單元消耗的功率，就可以間接約略地求出永磁式直流電動機的輸出功率，再計算出永磁式直流電動機的輸入功率，就能求出效率。

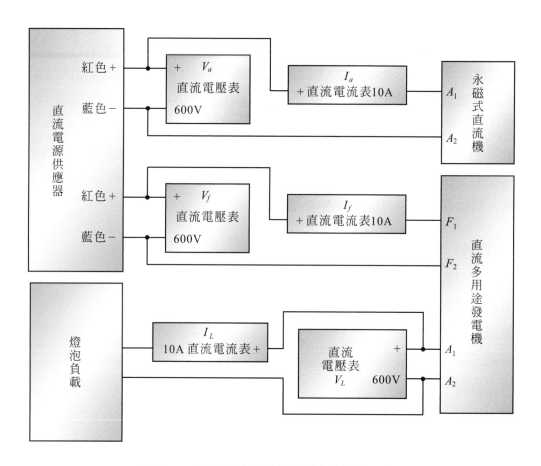

●圖 25-4　他激直流電動機負載實驗接線示意圖

💡**實驗步驟**

1. 將所有電源開關切到 OFF 或 0 位置。
2. 將所有可變電阻開關切到 OFF 或電阻值最大的位置。
3. 連接所有數位電表上方 AC 110V 插孔，提供數位電表 AC 110V 電源。
4. 連接所有綠色接地插孔，提供接地保護，提高實驗安全性。
5. 接線如圖 25-4 所示。燈泡負載全部 OFF。
6. 開電源(將實驗室電源總開關、實驗桌三相電源開關、實驗桌單相電源開關、交流電源盤三相電源開關及交流電源盤單相電源開關都切到 ON，按下三相電源供應器綠色①按鈕)。
7. 將直流電源供應器的切換開關切到 "1" 位置，此時直流電源供應器將提供給直流多用途電機的並激繞組 200V 之激磁電壓。

8. 按下直流電源供應器的"START"紅色按鈕,然後旋轉藍色"Vadj"旋鈕,調整使提供給直流多用途電機的電樞電壓大約為 200V。

9. 紀錄轉速 S、電樞電壓 V_a、電樞電流 I_a、激磁電壓 V_f、激磁電流 I_f、負載電壓 V_L、負載電流 I_L。

說明　此時為無載轉速。

10. 關電源(按下三相電源供應器紅色◎按鈕)。

11. 將永磁式直流機與直流多用途電機的轉軸耦合,以便讓直流多用途電機當作永磁式直流機(電動機)的機械負載。

12. 調整使燈泡負載為 100W 1 個。

13. 開電源(將實驗室電源總開關、實驗桌三相電源開關、實驗桌單相電源開關、交流電源盤三相電源開關及交流電源盤單相電源開關都切到 ON,按下三相電源供應器綠色①按鈕)。

14. 將直流電源供應器的切換開關切到"1"位置,此時直流電源供應器將提供給直流多用途電機的並激繞組 200V 之激磁電壓。

15. 按下直流電源供應器的"START"紅色按鈕,然後旋轉藍色"Vadj"旋鈕,調整使提供給永磁式直流機的電樞電壓大約為 150V。

16. 紀錄轉速 S、電樞電壓 V_a、電樞電流 I_a、激磁電壓 V_f、激磁電流 I_f、負載電壓 V_L、負載電流 I_L。

17. 分別調整使燈泡負載為 100W 2 個,100W 3 個,100W 3 個加 60W 1 個,100W 3 個加 60W 1 個加 40W 1 個,100W 3 個加 60W 1 個加 40W 2 個,100W 3 個加 60W 1 個加 40W 3 個,100W 3 個加 60W 1 個加 40W 3 個加 10W 3 個。。並分別記錄轉速 S、電樞電壓 V_a、電樞電流 I_a、激磁電壓 V_f、激磁電流 I_f、負載電壓 V_L、負載電流 I_L。

18. 關電源(按下三相電源供應器紅色◎按鈕)。

19. 將所有電源開關切到 OFF 或 0 位置。

20. 將所有可變電阻開關切到 OFF 或電阻值最大的位置。

21. 填寫維護卡。

CHAPTER **26**

三相交流同步發電機開路實驗

同步發電機可分為轉電式與轉磁式兩種。轉電式其轉子為電樞繞組，定子為激磁繞組。相反的，轉磁式其轉子為激磁繞組，定子為電樞繞組，因為激磁繞組只需一個直流電源，只有正負兩極，故轉磁式只需兩個滑環，以便將直流電送入轉子。但電樞繞組至少是三相，甚至可能有六相或更多相，因此轉電式需要 3 個(三相)、6 個(六相)甚至更多的滑環，以便將轉子上產生的電能引出。另一方面，因為電樞繞組較複雜、較重，電流與電壓較大等因素，使電樞繞組在定子成為較佳之安排，所以除非有特殊之考慮，否則同步機大多是轉磁式的。

由於目前的交流系統是三相交流系統，因此交流同步發電機大多也是三相的，而且是三相平衡的。所以同步機的等效電路通常只取一相做代表，而不將三相完全畫出來。同步發電機的單相等效電路如圖 26-1 所示。

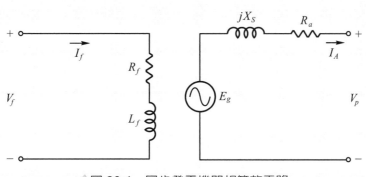

◉圖 26-1　同步發電機單相等效電路

　　可以用第 1 章介紹的繞組電組測量法，先測量電樞繞組的電阻值 R_a，由於本實驗所使用的三相凸極式同步機預設為 Δ 接，定子三相繞組的 6 個插孔分別為 U_1、U_2、V_1、V_2、W_1、W_2，所以量測 U_1、U_2 之間，或 V_1、V_2 之間，或 W_1、W_2 之間，就可以直接量到 Δ 接時電樞繞組的每相電阻值，再除以 3 就可以換算成單相等效電路(預設為 Y 接)中的每相電阻值。

　　至於同步電抗 X_S 的值，則須先求出同步阻抗 Z_S 的值，再用 $X_S = \sqrt{Z_S^{\,2} - R_a^{\,2}}$ 求出。而求同步阻抗 Z_S 則必須進行同步發電機的開路及短路實驗，在此先介紹開路實驗。

　　假設三相同步發電機為 Y 接，則其三相等效電路如圖 26-2 所示。

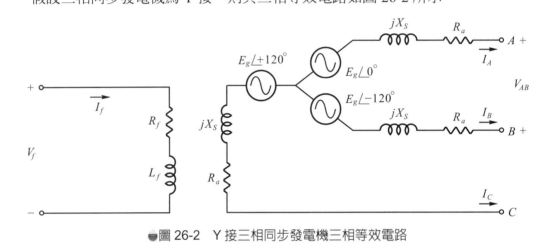

●圖 26-2　Y 接三相同步發電機三相等效電路

　　由圖 26-2 可知，當發電機無載，以額定轉速運轉，則我們測量到的線間電壓 V_{AB} 的大小為相間電壓 E_g 的 $\sqrt{3}$ 倍，而交流同步發電機每相電壓均方根值 $E_g = 4.44 N \phi_f K_p K_d$，其中每相匝數 N，節距因數 K_p，與分佈因數 K_d 在發電機做好後便固定了，而當轉速固定，則頻率 f 也固定，故 $E_g = K\phi = K'I_f$。不過，因鐵心會有磁飽和現象，故同步發電機的開路特性曲線(OCC)，如圖 26-3 所示。

　　由於本實驗所使用的三相凸極式同步機預設為 Δ 接，定子三相繞組的 6 個插孔分別為 U_1、U_2、V_1、V_2、W_1、W_2，所以量測 U_1、U_2 之間，或 V_1、V_2 之間，或 W_1、W_2 之間，就可以直接量到 Δ 接時的線間電壓，再除以 $\sqrt{3}$ 就可以換算成單相等效電路(預設為 Y 接)中的相電壓。

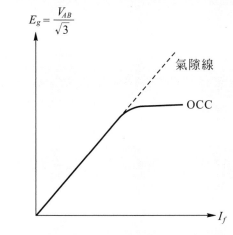

●圖 26-3　同步發電機的開路特性曲線(OCC)

目的▶　求同步發電機的開路特性曲線(OCC)。

所需設備

1. 直流電源供應器 1 個。
2. 直流電壓電流表 2 個。
3. 交流電壓電流表 1 個。
4. 三相凸極式同步機 1 個。
5. 永磁式直流機 1 個。
6. 三相交直流電源供應器 1 個。
7. 三相電源供應器 1 個。
8. 轉速計 1 個。(非本實驗模組內的儀器，需另外購買)

實驗說明

　　三相交流同步發電機開路實驗接線示意圖，如圖 26-4 所示，由直流電源供應器提供直流電源給永磁式直流機的電樞繞組，讓永磁式直流機以 1800 rpm 的轉速(三相凸極式同步機的額定轉速)當作三相凸極式同步機(發電機)的原動機，並由三相交直流電源供應器，提供直流激磁給三相凸極式同步機的激磁繞組，三相凸極式同步機的電樞繞組發電後，以交流電壓表測量電樞繞組的線間電壓 V_{AB}，觀察三相凸極式同步機激磁電流 I_f 與電樞繞組線間電壓 V_{AB} 之間的關係。

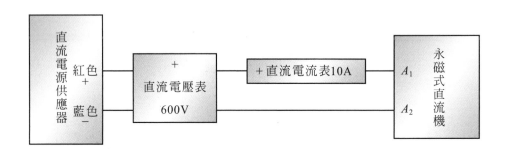

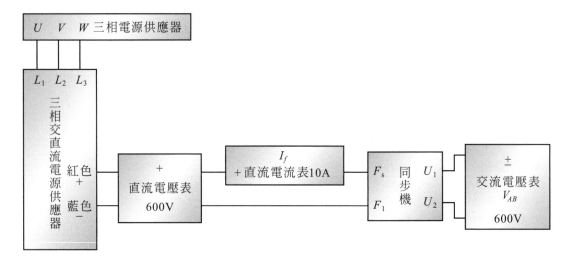

●圖 26-4　三相交流同步發電機開路實驗接線示意圖

🔆實驗步驟

1. 將所有電源開關切到 OFF 或 0 位置。
2. 將所有可變電阻開關切到 OFF 或電阻值最大的位置。
3. 連接所有數位電表上方 AC 110V 插孔，提供數位電表 AC 110V 電源。
4. 連接所有綠色接地插孔，提供接地保護，提高實驗安全性。
5. 將永磁式直流機與三相凸極式同步機的轉軸耦合，以便讓永磁式直流機當作三相凸極式同步機 (發電機)的原動機。
6. 接線如圖 26-4 所示。

請注意▶直流電源供應器須接下方的紅色與藍色插孔才可供給電樞繞組。

7. 開電源(將實驗室電源總開關、實驗桌三相電源開關、實驗桌單相電源開關、交流電源盤三相電源開關及交流電源盤單相電源開關都切到 ON，按下三相電源供應器綠色①按鈕)。

8. 將直流電源供應器的切換開關切到"1"位置，再按下"START"紅色按鈕，然後旋轉藍色"Vadj"旋鈕，調整提供永磁式直流機直流電樞電壓，並以轉速計測試使永磁式直流機轉速達到 1800 rpm(三相凸極式同步機的額定轉速)。

說明▶　由第 13 章永磁式直流電動機啓動實驗及轉速控制實驗的結果可知：要使永磁式直流機轉速達到 1800rpm，提供給永磁式直流機的直流電樞電壓值應該設定為大約 155V。

9. 記錄三相凸極式同步機電樞繞組 U_1、U_2 之間的線間電壓 V_{AB} 與激磁電流 I_f 的數據。

10 將三相交直流電源供應器的切換開關切到"ON"位置，調整三相交直流電源供應器，使提供給三相凸極式同步機的直流激磁電流大約爲 0.05A。

11 記錄三相凸極式同步機電樞繞組 U_1、U_2 之間的線間電壓 V_{AB} 與激磁電流 I_f 的數據。

12 重複步驟 10～步驟 11，分別調整三相交直流電源供應器，使同步機磁場電流 I_f = 0.1A、0.15A、0.2A、0.25A。

13. 關電源(按下三相電源供應器紅色◎按鈕)。

14. 將所有電源開關切到 OFF 或 0 位置。

15. 將所有可變電阻開關切到 OFF 或電阻值最大的位置。

16. 填寫維護卡。

CHAPTER 27

三相交流同步發電機短路實驗

要求同步阻抗 $Z_S = R_a + jX_S$，除了開路實驗之外，還要進行短路實驗，同步發電機短路實驗的單相等效電路，如圖 27-1 所示。

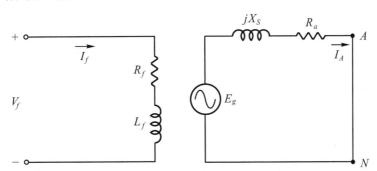

●圖 27-1　同步發電機短路實驗的單相等效電路

由圖 27-1 可知 $Z_S = \dfrac{E_g}{I_A}$，但是由上一章開路實驗可知，在不同的激磁下 E_g 不同，則 I_A 也會不同，可能造成 Z_S 不同，所以一般以電樞電流 I_A 的額定值為基準。換句話說，定義 $Z_S = \dfrac{E_{g1}}{I_{A(額定)}}$。問題是，當 I_A 恰為額定值時，E_{g1} 到底是多少？必須注意，因為 R_a 和 X_S 為電樞的內部阻抗，所以我們只能在電樞外部端點 A 與 N 間測量，卻無法量到 E_g 的值。解決的方法如下：因為在開路實驗圖 26-1 中，$I_A = 0$，故測得的端電壓

V_p 即為 E_g，因此，求同步阻抗的步驟如下：

1. 由短路特性曲線(SCC)查出產生額定 I_A 所需之激磁電流，假設為 I_{fr}。
2. 由開路特性曲線(OCC)找出在激磁流為 I_{fr} 時產生之電樞電壓，假設為 E_{g1}。
3. 同步阻抗 $Z_S = \dfrac{E_{g1}}{I_{A(額定)}}$。則等效電路中的同步電抗 $X_S = \sqrt{Z_S^2 - R_a^2}$。在大多數情形

下，因 R_a 遠小於 X_S，故取 $Z_S = X_S$ 可使等效電路簡化，但誤差很小。

由於本實驗所使用的三相凸極式同步機預設為 Δ 接，定子三相繞組的 6 個插孔分別為 U_1、U_2、V_1、V_2、W_1、W_2，所以量測 U_1、U_2 之間，或 V_1、V_2 之間，或 W_1、W_2 之間，就可以直接量到 Δ 接時的相電流，再乘以 $\sqrt{3}$ 就可以換算成單相等效電路(預設為 Y 接)中的相(線)電流。

目的　　求同步發電機的短路特性曲線(SCC)以及同步阻抗和同步電抗。

所需設備

1. 直流電源供應器 1 個。
2. 直流電壓電流表 2 個。
3. 交流電壓電流表 1 個。
4. 三相凸極式同步機 1 個。
5. 永磁式直流機 1 個。
6. 三相交直流電源供應器 1 個。
7. 三相電源供應器 1 個。
8. 轉速計 1 個。(非本實驗模組內的儀器，需另外購買)

實驗說明

三相交流同步發電機短路實驗接線示意圖，如圖 27-2 所示，由直流電源供應器提供直流電源給永磁式直流機的電樞繞組，讓永磁式直流機以 1800 rpm 的轉速(三相凸極式同步機的額定轉速)當作三相凸極式同步機(發電機)的原動機，並由三相交直流電源供應器提供直流激磁給三相凸極式同步機的激磁繞組，三相凸極式同步機的電樞繞組發電後，以交流電壓表測量電樞繞組的線電流 I_A，觀察三相凸極式同步機激磁電流 I_f 與電樞繞組線電流 I_A 之間的關係。

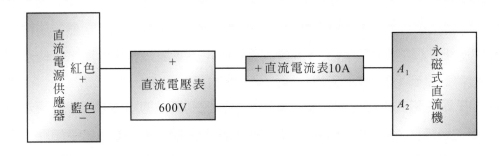

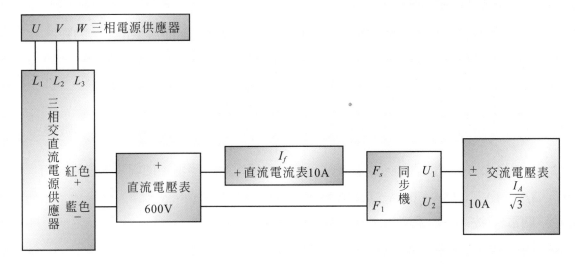

●圖 27-2　三相交流同步發電機短路實驗接線示意圖

☀ 實驗步驟

1. 將所有電源開關切到 OFF 或 0 位置。

2. 將所有可變電阻開關切到 OFF 或電阻值最大的位置。

3. 連接所有數位電表上方 AC 110V 插孔，提供數位電表 AC 110V 電源。

4. 連接所有綠色接地插孔，提供接地保護，提高實驗安全性。

5. 將永磁式直流機與三相凸極式同步機的轉軸耦合，以便讓永磁式直流機當作三相凸極式同步機 (發電機)的原動機。

6. 接線如圖 27-2 所示。

請注意 直流電源供應器須接下方的紅色與藍色插孔才可供給電樞繞組。

7. 開電源(將實驗室電源總開關、實驗桌三相電源開關、實驗桌單相電源開關、交流電源盤三相電源開關及交流電源盤單相電源開關都切到 ON，按下三相電源供應器綠色①按鈕)。

8.　將直流電源供應器的切換開關切到"1"位置，再按下"START"紅色按鈕，然後旋轉藍色"Vadj"旋鈕，調整提供永磁式直流機直流電樞電壓，並以轉速計測試，使永磁式直流機轉速達到 1800 rpm(三相凸極式同步機的額定轉速)。

說明　由第 13 章永磁式直流電動機啓動實驗及轉速控制實驗的結果可知：要使永磁式直流機轉速達到 1800rpm，提供給永磁式直流機的直流電樞電壓值應該設定為大約 155V。

9.　記錄三相凸極式同步機電樞繞組 U_1、U_2 之間的電流 $\dfrac{I_A}{\sqrt{3}}$ 與激磁電流 I_f 的數據。

10　將三相交直流電源供應器的切換開關切到"ON"位置，調整三相交直流電源供應器，使提供給三相凸極式同步機的直流激磁電流大約為 0.05A。

11　記錄三相凸極式同步機電樞繞組 U_1、U_2 之間的電流 $\dfrac{I_A}{\sqrt{3}}$ 與激磁電流 I_f 的數據。

12　重複步驟 10～步驟 11，分別調整三相交直流電源供應器，使同步機磁場電流 $I_f = 0.1A$、0.15A、0.2A、0.25A。

13.　關電源(按下三相電源供應器紅色◎按鈕)。

14.　將所有電源開關切到 OFF 或 0 位置。

15.　將所有可變電阻開關切到 OFF 或電阻值最大的位置。

16.　填寫維護卡。

CHAPTER 28

三相交流同步發電機伏安特性實驗

轉磁式三相同步發電機的結構如圖 28-1 所示,轉子是一個激磁線圈繞在磁極上,由外部供應直流電,所以需要 2 個碳刷與滑環。由原動機帶動轉子後,轉子的磁場會在定子的三相繞組上感應產生三相交流電。

如果轉子使用永久磁鐵,就不需要激磁線圈,也不需要由外部供應直流電,所以也不需要碳刷與滑環,結構上會精簡許多,稱為永磁式同步發電機。

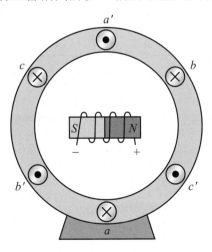

●圖 28-1　轉磁式三相同步發電機的結構

假設三相同步發電機為 Y 接，則其三相等效電路，如圖 28-2 所示。

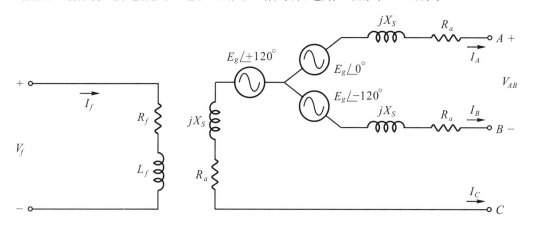

●圖 28-2 　Y 接三相同步發電機三相等效電路

由於目前的交流系統是三相交流系統，因此交流同步發電機大多也是三相的，而且是三相平衡的。所以同步機的等效電路通常只取一相做代表，接上負載之後的三相同步發電機單相等效電路，如圖 28-3 所示。

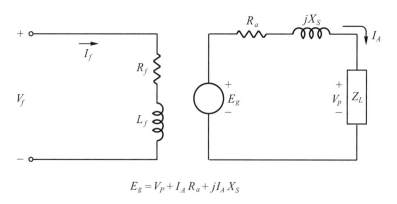

$$E_g = V_P + I_A R_a + j I_A X_S$$

●圖 28-3 　接上負載之後的三相同步發電機單相等效電路

由圖 28-3 可知，發電機電樞電壓 E_g 等於負載電壓 V_p 加上電樞繞組的壓降，而電樞繞組的壓降可分為電阻與電抗兩部分。

如果圖 28-2 裡面的負載 Z_L 是電感性負載($\cos\theta$<1 落後功率因數，電流落後電壓)，將三相同步發電機電樞電壓 E_g 與負載電壓 V_p 之間的相關向量圖畫出來，則如圖 28-4 所示。

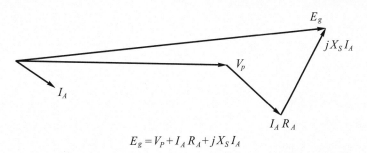

$$E_g = V_P + I_A R_A + j X_S I_A$$

●圖 28-4　三相同步發電機電樞電壓 E_g 與負載電壓 V_p 相關向量圖(電感性負載)

　　如果圖 28-3 裡面的電樞電壓 E_g 維持定值，則當負載電流 I_A 增加，負載電壓 V_p 就會大幅減少。

　　如果圖 28-3 裡面的負載 Z_L 是純電阻性負載($\cos\theta = 1$)，電樞電壓 E_g 維持定值，則當負載電流 I_A 增加，負載電壓 V_p 會稍微減少。

　　如果圖 28-3 裡面的負載 Z_L 是電容性負載($\cos\theta<1$ 超前功率因數，電流超前電壓)，電樞電壓 E_g 維持定值，則當負載電流 I_A 增加，負載電壓 V_p 會增加。

　　將上述電樞電壓 E_g 維持定值，負載電壓 V_p(單位伏特)與負載電流 I_A(單位安培)之間的變化關係畫成圖，就稱為三相交流同步發電機的伏安特性，如圖 28-5 所示。

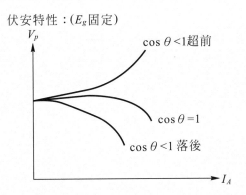

●圖 28-5　三相交流同步發電機的伏安特性

目的　求出三相交流同步發電機的伏安特性。

所需設備

1.　直流電源供應器 1 個。
2.　直流電壓電流表 2 個。
3.　交流電壓電流表 1 個。
4.　三相凸極式同步機 1 個。

5.　永磁式直流機 1 個。

6.　三相交直流電源供應器 1 個。

7.　三相電源供應器 1 個。

8.　三相電阻負載單元 1 個。

9.　三相電感負載單元 1 個。

10.　三相電容負載單元 1 個。

11.　轉速計 1 個。(非本實驗模組內的儀器，需另外購買)

實驗說明

　　三相交流同步發電機伏安特性實驗接線示意圖，如圖 28-6 所示，由直流電源供應器提供直流電源給永磁式直流機的電樞繞組，讓永磁式直流機以 1800 rpm 的轉速(三相凸極式同步機的額定轉速)當作三相凸極式同步機(發電機)的原動機，並由三相交直流電源供應器提供直流激磁給三相凸極式同步機的激磁繞組，三相凸極式同步機的電樞繞組發電後供電給三相負載，以交流電流表與交流電壓表分別測量負載電流 I_a 與負載電壓 V_p(線電壓 V_{AB})，觀察兩者之間的關係。

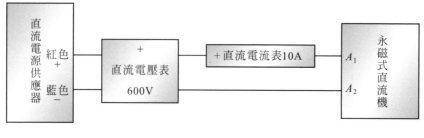

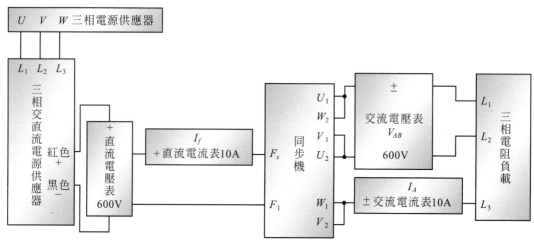

●圖 28-6　三相交流同步發電機伏安特性實驗接線示意圖

實驗步驟

1. 將所有電源開關切到 OFF 或 0 位置。

2. 將所有可變電阻開關切到 OFF 或電阻值最大的位置。

3. 連接所有數位電表上方 AC 110V 插孔,提供數位電表 AC 110V 電源。

4. 連接所有綠色接地插孔,提供接地保護,提高實驗安全性。

5. 將永磁式直流機與三相凸極式同步機的轉軸耦合,以便讓永磁式直流機當作三相凸極式同步機 (發電機)的原動機。

6. 接線如圖 28-6 所示。

請注意 直流電源供應器須接下方的紅色與藍色插孔才可供給電樞繞組。

7. 開電源(將實驗室電源總開關、實驗桌三相電源開關、實驗桌單相電源開關、交流電源盤三相電源開關及交流電源盤單相電源開關都切到 ON,按下三相電源供應器綠色①按鈕)。

8. 將直流電源供應器的切換開關切到"1"位置,再按下"START"紅色按鈕,然後旋轉藍色"Vadj"旋鈕,調整提供永磁式直流機直流電樞電壓,並以轉速計測試,使永磁式直流機轉速達到 1800 rpm(三相凸極式同步機的額定轉速)。

說明 由第 13 章永磁式直流電動機啟動實驗及轉速控制實驗的結果可知:要使永磁式直流機轉速達到 1800rpm,提供給永磁式直流機的直流電樞電壓值應該設定為大約 155V。

9. 將三相交直流電源供應器的切換開關切到"ON"位置,調整三相交直流電源供應器,使三相凸極式同步機產生的電壓大約為 220V。(三相凸極式同步機的額定電樞電壓)。

10. 記錄負載電流 I_A 與負載線電壓 V_{AB},並計算出負載相電壓 V_p。

說明 此時為無載電壓。

11. 將三相電阻負載單元右上方的開關切到 ON,再將 S_1 的開關切到 ON。

12. 記錄負載電流 I_A 與負載線電壓 V_{AB},並計算出負載相電壓 V_p。

13. 依序將 $S_2 \sim S_6$ 的開關切到 ON,記錄負載電流 I_A 與負載線電壓 V_{AB},並計算出負載相電壓 V_p。

說明 以上為純電阻負載。

14. 關電源(按下三相電源供應器紅色◎按鈕)。

15. 將所有電源開關切到 OFF 或 0 位置。

16. 將所有可變電阻開關切到 OFF 或電阻值最大的位置。

17. 將三相電感負載單元與三相電阻負載單元並聯。

18. 開電源(將實驗室電源總開關、實驗桌三相電源開關、實驗桌單相電源開關、交流電源盤三相電源開關及交流電源盤單相電源開關都切到 ON，按下三相電源供應器綠色①按鈕)。

19. 將直流電源供應器的切換開關切到"1"位置，再按下"START"紅色按鈕，然後旋轉藍色"Vadj"旋鈕，調整提供永磁式直流機直流電樞電壓，並以轉速計測試，使永磁式直流機轉速達到 1800 rpm(三相凸極式同步機的額定轉速)。

說明▶ 由第 13 章永磁式直流電動機啓動實驗及轉速控制實驗的結果可知：要使永磁式直流機轉速達到 1800rpm，提供給永磁式直流機的直流電樞電壓值應該設定為大約 155V。

20. 將三相交直流電源供應器的切換開關切到"ON"位置，調整三相交直流電源供應器，使三相凸極式同步機產生的電壓大約為 220V。(三相凸極式同步機的額定電樞電壓)

21. 記錄負載電流 I_A 與負載線電壓 V_{AB}，並計算出負載相電壓 V_p。

說明▶ 此時為無載電壓。

22. 將三相電阻負載單元以及三相電感負載單元右上方的開關切到 ON，並且將兩者的 S_1 開關切到 ON。

23. 記錄負載電流 I_A 與負載線電壓 V_{AB}，並計算出負載相電壓 V_p。

24. 依序將三相電感負載單元 $S_2 \sim S_6$ 的開關切到 ON，紀錄負載電流 I_A 與負載線電壓 V_{AB}，並計算出負載相電壓 V_p。

說明▶ 以上為電感性負載。

25. 關電源(按下三相電源供應器紅色◎按鈕)。

26. 將所有電源開關切到 OFF 或 0 位置。

27. 將所有可變電阻開關切到 OFF 或電阻值最大的位置。

28. 將三相電感負載單元拆除。

29. 將三相電容負載單元與三相電阻負載單元並聯。

30. 開電源(將實驗室電源總開關、實驗桌三相電源開關、實驗桌單相電源開關、交流電源盤三相電源開關及交流電源盤單相電源開關都切到 ON，按下三相電源供應器綠色①按鈕)。

31. 將直流電源供應器的切換開關切到"1"位置，再按下"START"紅色按鈕，然後旋轉藍色"Vadj"旋鈕，調整提供永磁式直流機直流電樞電壓，並以轉速計測試使永磁式直流機轉速達到 1800 rpm(三相凸極式同步機的額定轉速)。

説明▶ 由第 13 章永磁式直流電動機啓動實驗及轉速控制實驗的結果可知：要使永磁式直流機轉速達到 1800rpm，提供給永磁式直流機的直流電樞電壓值應該設定為大約 155V。

32. 將三相交直流電源供應器的切換開關切到"ON"位置，調整三相交直流電源供應器，使三相凸極式同步機產生的電壓大約為 110V。

請注意▶因電容性負載會使負載電壓升高導致超過額定電壓，所以先設定在較低的電壓。

33. 記錄負載電流 I_A 與負載線電壓 V_{AB}，並計算出負載相電壓 V_p。

説明▶ 此時為無載電壓。

34. 將三相電阻負載單元以及三相電容負載單元右上方的開關切到 ON，並且將兩者的 S_1 開關切到 ON。

35. 記錄負載電流 I_A 與負載線電壓 V_{AB}，並計算出負載相電壓 V_p。

36. 依序將三相電容負載單元 $S_2 \sim S_4$ 的開關切到 ON，記錄負載電流 I_A 與負載線電壓 V_{AB}，並計算出負載相電壓 V_p。

説明▶ 以上為電容性負載。

37. 關電源(按下三相電源供應器紅色◎按鈕)。

38. 將所有電源開關切到 OFF 或 0 位置。

39. 將所有可變電阻開關切到 OFF 或電阻值最大的位置。

40. 填寫維護卡。

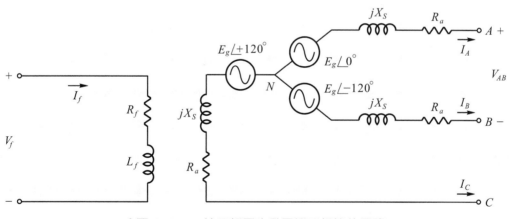

CHAPTER 29

三相交流同步發電機複合特性實驗

假設三相同步發電機爲 Y 接，則其三相等效電路，如圖 29-1 所示

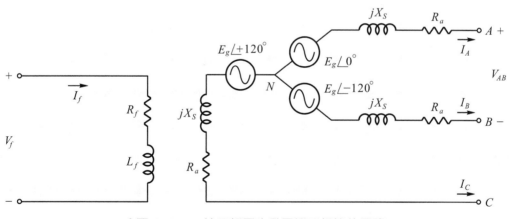

●圖 29-1　Y 接三相同步發電機三相等效電路

　　由於目前的交流系統是三相交流系統，因此交流同步發電機大多也是三相的，而且是三相平衡的。所以同步機的等效電路通常只取一相做代表，接上負載之後的三相同步發電機單相等效電路，如圖 29-2 所示。

　　由圖 29-2 可知，發電機電樞電壓 E_g 等於負載電壓 V_p 加上電樞繞組的壓降，而電樞繞組的壓降可分爲電阻與電抗兩部分。

　　如果圖 29-2 裡面的負載 Z_L 是電感性負載($\cos\theta < 1$ 落後功率因數，電流落後電壓)，將三相同步發電機電樞電壓 E_g 與負載電壓 V_p 之間的相關向量圖畫出來則，如圖 29-3 所示。

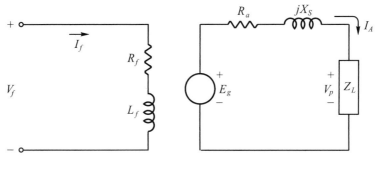

$$E_g = V_P + I_A R_a + jI_A X_S$$

●圖 29-2　接上負載之後的三相同步發電機單相等效電路

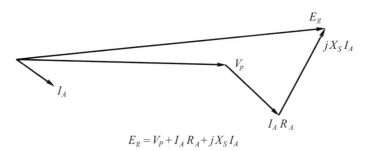

$$E_g = V_P + I_A R_A + jX_S I_A$$

●圖 29-3　三相同步發電機電樞電壓 E_g 與負載電壓 V_p 相關向量圖(電感性負載)

　　如果圖 29-2 裡面的電樞電壓 E_g 維持定值，則當負載電流 I_A 增加，負載電壓 V_p 就會大幅減少。

　　如果圖 29-2 裡面的負載 Z_L 是純電阻性負載($\cos\theta = 1$)，電樞電壓 E_g 維持定值，則當負載電流 I_A 增加，負載電壓 V_p 會稍微減少。

　　如果圖 29-2 裡面的負載 Z_L 是電容性負載($\cos\theta < 1$ 超前功率因數，電流超前電壓)，電樞電壓 E_g 維持定值，則當負載電流 I_A 增加，負載電壓 V_p 會增加。

　　所以當負載變化時，如果維持電源的電樞電壓 E_g 為定值，則負載電壓會變化，這並非真實電力系統運轉的模式。

　　因為如果是 110V 的系統，不管用戶開 1 盞燈或開 10000 盞燈，電力公司都必須維持提供給用戶的電壓為 110V，不能當用戶開 1 盞燈時提供給用戶的電壓維持在 110V，而當用戶開 10000 盞燈時提供給用戶的電壓就降為 90V，這樣是不行的。

　　因此，真實電力系統運轉的模式必須因應負載的變化調整電源的電樞電壓 E_g 以便讓負載電壓維持定值。

　　因為交流同步發電機每相電壓均方根值 $E_g = 4.44N\phi f K_p K_d$，其每相匝數 N，節距因數 K_p，與分佈因數 K_d 在發電機做好後便固定了，而當轉速固定，則頻率 f 也固定，故 $E_g = K\phi = K'I_f$。所以調整激磁電流就能調整電源的電樞電壓 E_g。

　　在負載變化時調整激磁電流(調整電源的電樞電壓 E_g)使負載電壓維持定值，將負載電流 I_A 與激磁電流 I_f 的相關曲線畫出來，就稱為三相交流同步發電機的複合特性，如圖 29-4 所示。

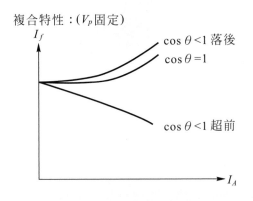

複合特性：(V_p固定)

I_f

$\cos\theta < 1$ 落後

$\cos\theta = 1$

$\cos\theta < 1$ 超前

I_A

●圖 29-4　三相交流同步發電機的複合特性

　　如果圖 29-2 裡面的負載 Z_L 是純電阻性負載($\cos\theta = 1$)，電樞電壓 E_g 維持定值，則當負載電流 I_A 增加，負載電壓 V_p 會稍微減少。

　　現在必須讓負載電壓維持定值，所以必須反過來稍微提高電樞電壓 E_g，也就是必須稍微增加激磁電流 I_f。

　　如果圖 29-2 裡面的負載 Z_L 是電感性負載($\cos\theta < 1$ 落後功率因數，電流落後電壓)，電樞電壓 E_g 維持定值，則當負載電流 I_A 增加，負載電壓 V_p 會大幅減少。

　　現在必須讓負載電壓維持定值，所以必須反過來大幅提高電樞電壓 E_g，也就是必須大幅增加激磁電流 I_f。

　　如果圖 29-2 裡面的負載 Z_L 是電容性負載($\cos\theta < 1$ 超前功率因數，電流超前電壓)，電樞電壓 E_g 維持定值，則當負載電流 I_A 增加，負載電壓 V_p 會增加。

現在必須讓負載電壓維持定值，所以必須反過來降低電樞電壓 E_g，也就是必須減少激磁電流 I_f。

目的　求出三相交流同步發電機的複合特性。

所需設備

1. 直流電源供應器 1 個。
2. 直流電壓電流表 2 個。
3. 交流電壓電流表 1 個。
4. 三相凸極式同步機 1 個。
5. 永磁式直流機 1 個。
6. 三相交直流電源供應器 1 個。
7. 三相電源供應器 1 個。
8. 三相電阻負載單元 1 個。
9. 三相電感負載單元 1 個。
10. 三相電容負載單元 1 個。
11. 轉速計 1 個。(非本實驗模組內的儀器，需另外購買)

實驗說明

三相交流同步發電機複合特性實驗接線示意圖，如圖 29-5 所示，由直流電源供應器提供直流電源給永磁式直流機的電樞繞組，讓永磁式直流機以 1800 rpm 的轉速(三相凸極式同步機的額定轉速)當作三相凸極式同步機(發電機)的原動機，並由三相交直流電源供應器提供直流激磁給三相凸極式同步機的激磁繞組，三相凸極式同步機的電樞繞組發電後供電給三相負載，以交流電流表與直流電流表分別測量負載電流 I_a 與激磁電流 I_f，觀察兩者之間的關係。

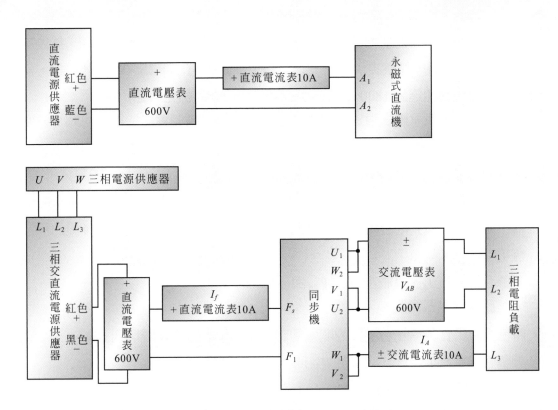

●圖 29-5 三相交流同步發電機複合特性實驗接線示意圖

實驗步驟

1. 將所有電源開關切到 OFF 或 0 位置。
2. 將所有可變電阻開關切到 OFF 或電阻值最大的位置。
3. 連接所有數位電表上方 AC 110V 插孔,提供數位電表 AC 110V 電源。
4. 連接所有綠色接地插孔,提供接地保護,提高實驗安全性。
5. 將永磁式直流機與三相凸極式同步機的轉軸耦合,以便讓永磁式直流機當作三相凸極式同步機 (發電機)的原動機。
6. 接線如圖 29-5 所示。

請注意 直流電源供應器須接下方的紅色與藍色插孔才可供給電樞繞組。

7. 開電源(將實驗室電源總開關、實驗桌三相電源開關、實驗桌單相電源開關、交流電源盤三相電源開關及交流電源盤單相電源開關都切到 ON,按下三相電源供應器綠色①按鈕)。

8. 將直流電源供應器的切換開關切到"1"位置,再按下"START"紅色按鈕,然後旋轉藍色"Vadj"旋鈕,調整提供永磁式直流機直流電樞電壓,並以轉速計測試,使永磁式直流機轉速達到 1800 rpm(三相凸極式同步機的額定轉速)。

> **說明** 由第 13 章永磁式直流電動機啟動實驗及轉速控制實驗的結果可知:要使永磁式直流機轉速達到 1800rpm,提供給永磁式直流機的直流電樞電壓值應該設定為大約 155V。

9. 將三相交直流電源供應器的切換開關切到"ON"位置,調整三相交直流電源供應器,使三相凸極式同步機的電樞電壓大約為 220V。(三相凸極式同步機的額定電樞電壓)。

10. 記錄負載電流 I_A、負載線電壓 V_{AB} 與激磁電流 I_f。

> **說明** 此時為無載電壓。

11. 將三相電阻負載單元右上方的開關切到 ON,再將 S_1 的開關切到 ON。

12. 調整激磁電流 I_f 使負載線電壓 V_{AB} 回復為無載電壓。

13. 記錄負載電流 I_A 與激磁電流 I_f。

14. 依序將 $S_2 \sim S_4$ 的開關切到 ON,重複步驟 12 與步驟 13。

> **請注意** 三相凸極式同步機激磁電流的額定為 0.3A,不要超過太多。

> **說明** 以上為純電阻負載。

15. 關電源(按下三相電源供應器紅色◎按鈕)。

16. 將所有電源開關切到 OFF 或 0 位置。

17. 將所有可變電阻開關切到 OFF 或電阻值最大的位置。

18. 將三相電感負載單元與三相電阻負載單元並聯。

19. 開電源(將實驗室電源總開關、實驗桌三相電源開關、實驗桌單相電源開關、交流電源盤三相電源開關及交流電源盤單相電源開關都切到 ON,按下三相電源供應器綠色①按鈕)。

20. 將直流電源供應器的切換開關切到"1"位置,再按下"START"紅色按鈕,然後旋轉藍色"Vadj"旋鈕,調整提供永磁式直流機直流電樞電壓,並以轉速計測試,使永磁式直流機轉速達到 1800 rpm(三相凸極式同步機的額定轉速)。

> 說明　由第 13 章永磁式直流電動機啟動實驗及轉速控制實驗的結果可知：要使永磁式直流機轉速達到 1800rpm，提供給永磁式直流機的直流電樞電壓值應該設定為大約 155V。

21. 將三相交直流電源供應器的切換開關切到"ON"位置，調整三相交直流電源供應器，使三相凸極式同步機產生的電壓大約為 220V。(三相凸極式同步機的額定電樞電壓)，記錄此時的激磁電流 I_f。

> 說明　此時為無載電壓。

22. 將三相電阻負載單元以及三相電感負載單元右上方的開關切到 ON，並且將兩者的 S_1 開關切到 ON。

23. 調整激磁電流 I_f 使負載線電壓 V_{AB} 回復為無載電壓，並記錄負載電流 I_A 與激磁電流 I_f。

24. 將三相電感負載單元 S_2 的開關切到 ON，調整激磁電流 I_f 使負載線電壓 V_{AB} 回復為無載電壓，並記錄負載電流 I_A 與激磁電流 I_f。

> 請注意　三相凸極式同步機激磁電流的額定為 0.3A，不要超過太多。

> 說明　以上為電感性負載。

25. 關電源(按下三相電源供應器紅色◎按鈕)。

26. 將所有電源開關切到 OFF 或 0 位置。

27. 將所有可變電阻開關切到 OFF 或電阻值最大的位置。

28. 將三相電感負載單元拆除。

29. 將三相電容負載單元與三相電阻負載單元並聯。

30. 開電源(將實驗室電源總開關、實驗桌三相電源開關、實驗桌單相電源開關、交流電源盤三相電源開關及交流電源盤單相電源開關都切到 ON，按下三相電源供應器綠色①按鈕)。

31. 將直流電源供應器的切換開關切到"1"位置，再按下"START"紅色按鈕，然後旋轉藍色"Vadj"旋鈕，調整提供永磁式直流機直流電樞電壓，並以轉速計測試，使永磁式直流機轉速達到 1800 rpm(三相凸極式同步機的額定轉速)。

> 說明　由第 13 章永磁式直流電動機啟動實驗及轉速控制實驗的結果可知：要使永磁式直流機轉速達到 1800rpm，提供給永磁式直流機的直流電樞電壓值應該設定為大約 155V。

32. 將三相交直流電源供應器的切換開關切到"ON"位置，調整三相交直流電源供應器，使三相凸極式同步機產生的電壓大約為 220V。

33. 記錄激磁電流 I_f。

說明 此時為無載電壓。

34. 將三相電阻負載單元以及三相電容負載單元右上方的開關切到 ON，並且將兩者的 S_1 開關切到 ON。

35. 調整激磁電流 I_f 使負載線電壓 V_{AB} 回復為無載電壓，並記錄負載電流 I_A 與激磁電流 I_f。

36. 依序將三相電感負載單元 $S_2 \sim S_4$ 的開關切到 ON，調整激磁電流 I_f 使負載線電壓 V_{AB} 回復為無載電壓，並記錄負載電流 I_A 與激磁電流 I_f。

請注意 在將激磁電流調低時要小心慢慢調，避免調太快使激磁變成零。

說明 以上為電容性負載。

37. 關電源(按下三相電源供應器紅色◎按鈕)。

38. 將所有電源開關切到 OFF 或 0 位置。

39. 將所有可變電阻開關切到 OFF 或電阻值最大的位置。

40. 填寫維護卡。

CHAPTER 30

三相交流同步發電機並聯實驗

　　早期的電力系統是直流系統，但是目前的電力系統是交流三相的系統，所以發電廠裡面的發電機絕大多數都是三相交流同步發電機。

　　因為電力系統非常龐大，所以幾乎不可能找到 1 部發電機可以獨力供應整個電力系統的用電需求，因此目前的電力系統幾乎都是由很多部三相交流同步發電機並聯，一起供應整個電力系統的用電需求。

　　我們可以把已經在電力系統裡面的所有三相交流同步發電機，看成 1 部等效的大發電機，所以 1 部尚未在電力系統裡面的三相交流同步發電機與電力系統的並聯，可以簡化成 2 部三相交流同步發電機的並聯。

　　2 部三相交流同步發電機要並聯在一起，必須符合以下的並聯條件：

1. 電壓相等。
2. 相角相等。
3. 相序相同。
4. 頻率相同。
5. 新加入(即臨發電機)電壓稍高。

　　前 4 項條件可以簡化成一句話，就是要並聯在一起的 2 部三相交流同步發電機在並聯後，任何時刻電壓都要一樣。

　　如果要並聯在一起的 2 部三相交流同步發電機其額定電壓不同，或者相角不同，或者相序不同(一個正相序一個負相序)，或者頻率不同，則在某些瞬間會造成 2 部三相交流同步發電機的電壓不同。因為發電機的內阻很小，所以只要存在很小的電壓差，就會形成很大的內部環流而產生問題。所以要並聯在一起的 2 部三相交流同步發電機在並聯後，任何時刻電壓都必須要一樣。

　　至於最後一項條件，因為已經在電力系統裡面的三相交流同步發電機是在有負載的狀況之下，而尚未在電力系統裡面的三相交流同步發電機，則是在沒有負載的狀況之下。

　　1 部在沒有負載狀況之下的三相交流同步發電機，在加上負載之後，電壓會稍微下降，所以在並聯之前，即將加入電力系統的三相交流同步發電機(稱為即臨發電機)，要預先稍微升高其電壓，以便克服加上負載之後的電壓下降。

　　要得知 2 部三相交流同步發電機是否已經符合並聯條件，通常使用同步燈法，可以採用如圖 30-1 所示的暗燈法(1 號機的 a 相接 2 號機的 a 相，1 號機的 b 相接 2 號機的 b 相，1 號機的 c 相接 2 號機的 c 相)。

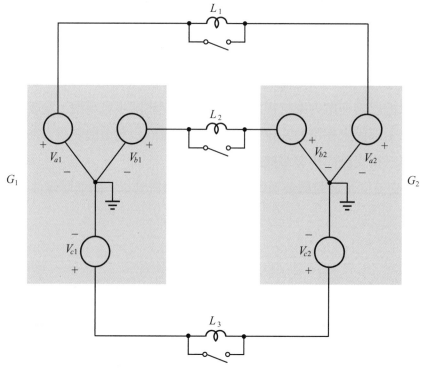

●圖 30-1　暗燈法

同步時$\Rightarrow V_{a1} = V_{a2}$

$\qquad V_{b1} = V_{b2}$

$\qquad V_{c1} = V_{c2}$

故 L_1、L_2、L_3 兩端電壓為零，三燈全暗。

暗燈法有一個缺點，當 2 部三相交流同步發電機的電壓還沒有完全相等，燈泡兩端還存在小小的電壓差時，因為周圍環境的亮光，會導致人眼看不出燈泡還有微弱亮光，而以為已經三燈全滅。

此時若將 2 部三相交流同步發電機並聯，會形成很大的內部環流，造成 1 部發電機將大量功率瞬間灌入另 1 部發電機，容易造成發電機的損壞。

要得知 2 部三相交流同步發電機是否已經符合並聯條件，也可以採用如圖 30-2 所示的亮燈法(2 號機的 a 相接 1 號機的 b 相，2 號機的 b 相接 1 號機的 c 相，2 號機的 c 相接 1 號機的 a 相)。

請注意 開關仍為 1 號機的 a 相接 2 號機的 a 相，1 號機的 b 相接 2 號機的 b 相，1 號機的 c 相接 2 號機的 c 相。

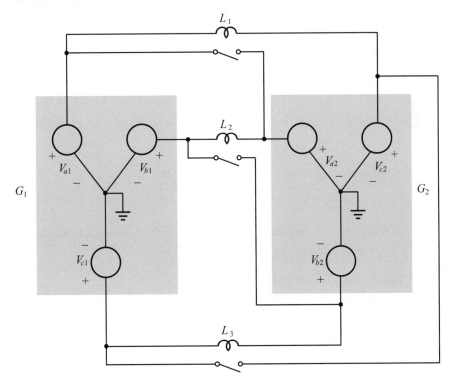

● 圖 30-2　亮燈法

同步時$\Rightarrow V_{a1} = V_{a2} = V\angle 0°$

$\qquad\qquad V_{b1} = V_{b2} = V\angle{-}120°$

$\qquad\qquad V_{c1} = V_{c2} = V\angle{+}120°$

L_1、L_2、L_3 兩端電壓為

$V_{a1} - V_{c2} = V_{a1} - V_{c1} = V\angle 0° - V\angle{-}120°$

$V_{b1} - V_{a2} = V_{b1} - V_{a1} = V\angle{-}120° - V\angle 0°$

$V_{c1} - V_{b2} = V_{c1} - V_{b1} = V\angle 120° - V\angle{-}120°$

同步時三燈最亮。

亮燈法有一個缺點，人眼可以看出燈泡很亮，但是甚麼時候才是最亮？

如果在不是最亮的瞬間誤以為最亮，而將 2 部三相交流同步發電機並聯，因為 2 部三相交流同步發電機的電壓還沒有完全相等，會形成很大的內部環流，造成 1 部發電機將大量功率瞬間灌入另 1 部發電機，容易造成發電機的損壞。

要得知 2 部三相交流同步發電機是否已經符合並聯條件，也可以採用如圖 30-3 所示的旋轉燈法(2 號機的 a 相接 1 號機的 b 相，2 號機的 b 相接 1 號機的 a 相，2 號機的 c 相接 1 號機的 c 相)。

請注意 開關仍為 1 號機的 a 相接 2 號機的 a 相，1 號機的 b 相接 2 號機的 b 相，1 號機的 c 相接 2 號機的 c 相。

旋轉燈法又稱為 2 明 1 滅法，顧名思義，當 2 部三相交流同步發電機尚未符合並聯條件時，三燈會輪流明滅，看起來好像旋轉的跑馬燈，所以稱為旋轉燈法。

但是當 2 部三相交流同步發電機已經符合並聯條件時，三個燈之中會有 2 個燈維持最亮，1 個燈維持全滅，所以稱為 2 明 1 滅法。

由於原本好像旋轉的跑馬燈，在 2 部三相交流同步發電機已經符合並聯條件時，會有 2 個燈維持最亮，1 個燈維持全滅，不再旋轉，所以沒有亮燈法與暗燈法的缺點，是 3 種同步燈法中最常被使用的。

請注意 符合並聯條件時，不再旋轉。

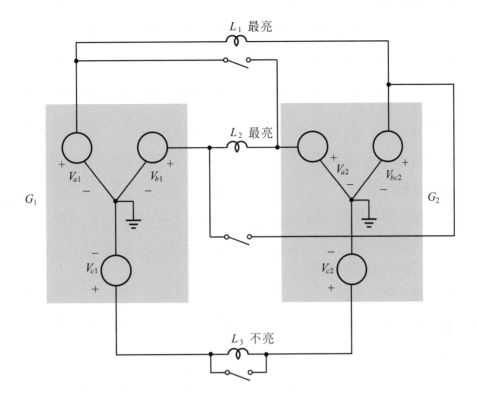

●圖 30-3　旋轉燈法

同步時⇒$V_{a1} = V_{a2} = V\angle 0°$

$V_{b1} = V_{b2} = V\angle -120°$

$V_{c1} = V_{c2} = V\angle +120°$

L_1 兩端電壓：$V_{a1} - V_{b2}$　　最大

L_2 兩端電壓：$V_{b1} - V_{a2}$　　最大

L_3 兩端電壓：$V_{c1} - V_{c2} = 0$

同步時兩明一滅，不再旋轉。

目的　利用同步燈法，使三相交流同步發電機與電力系統並聯。

所需設備

1. 直流電源供應器 1 個。
2. 直流電壓電流表 2 個。
3. 交流電壓電流表 1 個。
4. 三相凸極式同步機 1 個。
5. 永磁式直流機 1 個。
6. 三相交直流電源供應器 1 個。
7. 三相電源供應器 1 個。
8. 數位式多功能電表模組 1 個。
9. 同步信號指示燈組 1 個。
10. 四極切換開關 1 個。

實驗說明

　　三相交流同步發電機並聯實驗接線示意圖，如圖 30-4 所示，由直流電源供應器提供直流電源給永磁式直流機的電樞繞組，讓永磁式直流機以 1800 rpm 的轉速(三相凸極式同步機的額定轉速)當作三相凸極式同步機(發電機)的原動機，並由三相交直流電源供應器提供直流激磁給三相凸極式同步機的激磁繞組，三相凸極式同步機的電樞繞組發電後，供電接到數位式多功能電表模組(觀測電壓與頻率)再接到並聯開關(四極切換開關)與同步信號指示燈組的左側，電力系統(三相電源供應器的 *UVW*)接到並聯開關(四極切換開關)與同步信號指示燈組的右側，調整原動機(永磁式直流機)的轉速(等於調三相交流同步發電機輸出電壓的頻率)與三相交流同步發電機的激磁(等於調三相交流同步發電機輸出的電壓)，經由同步信號燈判斷三相交流同步發電機與電力系統同步(符合並聯條件)，將並聯開關(四極切換開關)切到 ON，讓兩邊完成並聯。

　　調整電力系統接到並聯開關與同步信號燈組右側的接線，可分別以暗燈法，亮燈法或旋轉燈法判斷。

　　圖 30-4 的接線為旋轉燈法，注意三相電源供應器的 *UVW* 分別接到同步信號燈組的 B 右、A 右與 C 右，而不是 A 右、B 右與 C 右。三相電源供應器的 *UVW* 則分別接到四極切換開關的 *UVW*。

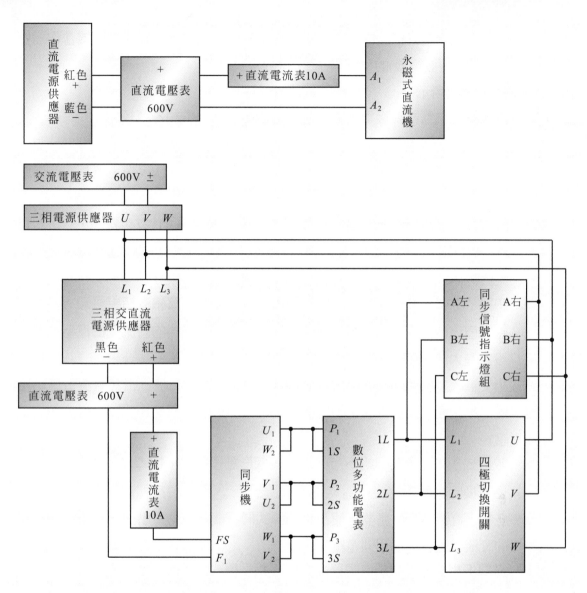

●圖 30-4　用同步燈法使三相交流同步發電機與電力系統並聯的接線圖

實驗步驟

1. 將所有電源開關切到 OFF 或 0 位置。
2. 將所有可變電阻開關切到 OFF 或電阻值最大的位置。
3. 連接所有數位電表上方 AC 110V 插孔，提供數位電表 AC 110V 電源。
4. 連接所有綠色接地插孔，提供接地保護，提高實驗安全性。

5. 將永磁式直流機與三相凸極式同步機的轉軸耦合，以便讓永磁式直流機當作三相凸極式同步機 (發電機)的原動機。

6. 接線如圖 30-4 所示。

請注意 直流電源供應器須接下方的紅色與藍色插孔才可供給電樞繞組。

7. 開電源(將實驗室電源總開關、實驗桌三相電源開關、實驗桌單相電源開關、交流電源盤三相電源開關及交流電源盤單相電源開關都切到 ON，按下三相電源供應器綠色①按鈕)。

8. 將直流電源供應器的切換開關切到"1"位置，再按下"START"紅色按鈕，然後旋轉藍色"Vadj"旋鈕，調整提供永磁式直流機直流電樞電壓，並以轉速計測試使永磁式直流機轉速達到 1800 rpm(三相凸極式同步機的額定轉速)。

說明 由第 13 章永磁式直流電動機啟動實驗及轉速控制實驗的結果可知：要使永磁式直流機轉速達到 1800rpm，提供給永磁式直流機的直流電樞電壓值應該設定為大約 155V。

9. 將三相交直流電源供應器的切換開關切到"ON"位置，調整三相交直流電源供應器，使三相凸極式同步機產生的電壓大約為 220V。(三相凸極式同步機的額定電樞電壓)。

說明 數位式多功能電表模組下方的黑色長條形蓋子掀開，按 DISPLAY 鈕，可循環切換到線電壓(V_{12}、V_{23}、V_{31})。

10. 調整三相交直流電源供應器，使三相凸極式同步機產生的電壓與三相電源供應器所接的交流電壓表顯示相同電壓。

說明 微調三相交直流電源供應器提供給三相凸極式同步機的激磁電流，可以調整三相凸極式同步發電機的電壓，應調整使三相凸極式同步發電機的電壓與電力系統的電壓相同。

11. 觀察同步信號指示燈組上方的 3 個燈，是否達到同步而可以並聯？如果 3 燈持續輪流明滅，表示尚未達到同步，微調直流電源供應器的藍色"Vadj"旋鈕，直到同步信號指示燈組上方的 3 個燈不再輪流明滅，2 個燈維持最亮，1 個燈維持全滅。

說明 微調直流電源供應器的藍色"Vadj"旋鈕可以調整原動機的轉速，也就是調整三相凸極式同步發電機的頻率。

說明▶ 數位式多功能電表模組下方的黑色長條形蓋子掀開，按 DISPLAY 鈕，可循環切換到虛功率、乏時與頻率(VAR、VARH、Hz)，台灣電力系統頻率為 60Hz。

說明▶ 有些機台因內部接線順序錯誤，導致原動機的轉向相反或三相凸極式同步機的電樞繞組順序安排不同，會導致相序相反，則旋轉燈法的接線可能會變成暗燈法或亮燈法，可將永磁式直流機的 A_1 與 A_2 接點對調或將同步機三相接線互換再試試看。

12. 當同步信號指示燈組上方的 3 個燈不再輪流明滅，2 個燈維持最亮，1 個燈維持全滅，將四極切換開關模組的下方開關切到 ON，使兩邊完成並聯。

請注意▶ 原本 2 個燈維持最亮，1 個燈維持全滅的狀態應該至少維持 10 秒鐘以上再並聯才是比較保險的(確認同步機的輸出已經完全跟電力系統同步)，但是因為廠商設計的直流電源供應器是以電子電路控制輸出，所以其輸出會在小範圍內飄移，造成原動機的轉速，也就是三相凸極式同步發電機的頻率也會在小範圍內飄移，使並聯條件很難達成，所以在 2 個燈維持最亮，1 個燈維持全滅的狀態維持 2 秒鐘以上，就可以在 2 個燈維持最亮，1 個燈維持全滅的瞬間並聯。不過可能會因為在沒有完全達成並聯條件下並聯，瞬間功率較大，會使三相凸極式同步發電機發出怪聲。

13. 關電源(按下三相電源供應器紅色◎按鈕)。

14. 將所有電源開關切到 OFF 或 0 位置。

15. 將所有可變電阻開關切到 OFF 或電阻值最大的位置。

16. 填寫維護卡。

說明▶ 可試著改以兩部三相凸極式同步機並聯，也就是將上述的市電改以 1 部三相凸極式同步機取代。

CHAPTER 31

三相交流同步電動機負載實驗

轉磁式三相同步電動機的結構如圖 31-1 所示，轉子是一個激磁線圈繞在磁極上，由外部供應直流電，所以需要 2 個碳刷與滑環。在定子的三相繞組上由外部供應三相交流電後，會產生三相旋轉磁場，導致轉子轉動。所以一般的轉磁式三相同步電動機需要同時輸入一個直流電源與一個三相交流電源。因為轉子轉動的速度與三相旋轉磁場形成的同步速一樣，所以稱為同步機。

如果容量不會很大則轉子使用永久磁鐵，就不需要激磁線圈，也不需要由外部供應直流電，所以也不需要碳刷與滑環，結構上會精簡許多，稱為永磁式同步電動機，只需要輸入一個三相交流電源就可以了。

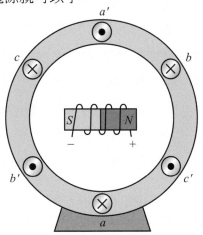

●圖 31-1　轉磁式三相同步電動機的結構

三相同步電動機的單相等效電路如圖 31-2 所示，其中激磁電壓 V_f 與激磁電流 I_f 是直流的，但是電樞電壓 V_p 與反電勢 E_g 則是交流的。

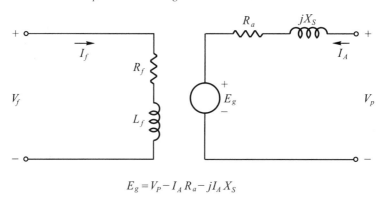

$$E_g = V_P - I_A R_a - j I_A X_S$$

●圖 31-2　三相同步電動機的單相等效電路

將三相同步電動機單相等效電路中的電樞電壓與電流畫成向量圖，則如圖 31-3 所示。

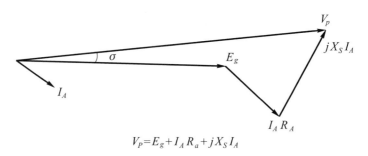

$$V_P = E_g + I_A R_a + j X_S I_A$$

●圖 31-3　三相同步電動機單相等效電路中的電樞電壓與電流向量圖

如果外加的三相交流電維持固定的電壓，則電樞電壓 V_p 的值會維持固定，而電樞電阻 R_a 與同步電抗 X_S 也是固定值。

通常電樞電阻 R_a 的值遠小於同步電抗 X_S，所以為了簡化分析，經常忽略電樞電阻 R_a。

當忽略電樞電阻 R_a 時，三相同步電動機的輸出轉矩可簡化為

$$T = \frac{3 V_p E_g \sin \sigma}{\omega_m X_s}$$

以穩態運轉而言，三相同步電動機的轉速維持同步速，所以機械角頻率 ω_m 也是定值，所以只有反電勢 E_g 的大小以及電樞電壓 V_p 與反電勢 E_g 的夾角 δ 可以改變。

當電樞電壓 V_p 與反電勢 E_g 的夾角 δ 為 90 度時，$\sin\delta = 1$，使三相同步電動機的輸出轉矩達到理論上的最大值

$$T_{\max} = \frac{3V_p E_g}{\omega_m X_s}$$

由圖 31-3 可知，當電樞電壓 V_p 與反電勢 E_g 的夾角 δ 改變時，因為 V_p、R_a 與 X_S 都維持定值，所以反電勢 E_g 以及電樞電流 I_A 就必須改變大小跟角度。

所以當三相同步電動機的輸出轉矩增加，電樞電壓 V_p 與反電勢 E_g 的夾角 δ 就會變大，電樞電流 I_A 就會改變大小跟角度。

因為輸出實功率

$$P = T\omega$$

所以當三相同步電動機的輸出轉矩增加，就代表輸出實功率增加，因為反電勢 E_g 與輸出實功率成正比，將這個關係畫成圖，則如圖 31-4 所示。

由圖 31-4 可看出，當三相同步電動機的輸出轉矩(輸出實功率)增加，會使電樞電壓 V_p 與反電勢 E_g 的夾角 δ 變大，則電樞電流 I_A 的值就會變大，而且電樞電流 I_A 的角度也會改變。

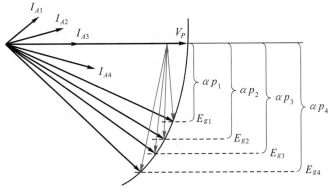

●圖 31-4 電樞電流 I_A 隨實功率變化圖

目的 求出三相交流同步電動機的輸出轉矩(輸出實功率)與電樞電流 I_A 的關係。

所需設備

1. 燈泡負載 4 個。
2. 直流電壓電流表 2 個。
3. 數位式多功能電表模組 1 個。

4. 三相凸極式同步機 1 個。

5. 永磁式直流機 1 個。

6. 三相交直流電源供應器 1 個。

7. 三相電源供應器 1 個。

實驗說明

　　三相交流同步電動機負載實驗接線示意圖，如圖 31-5 所示，由三相交直流電源供應器提供直流電源給三相凸極式同步機的激磁繞組，並由三相交流電源供應器提供三相交流電給三相凸極式同步機的電樞繞組，三相凸極式同步機(電動機)轉動後帶動永磁式直流機(發電機)供電給電阻負載(在此以永磁式直流發電機供電給電阻負載，取代三相凸極式同步電動機轉軸上的機械負載)，以數位式多功能電表模組與直流電壓電流表，分別測量三相凸極式同步機的電樞電流 I_A 與永磁式直流機的輸出，觀察兩者之間的關係。

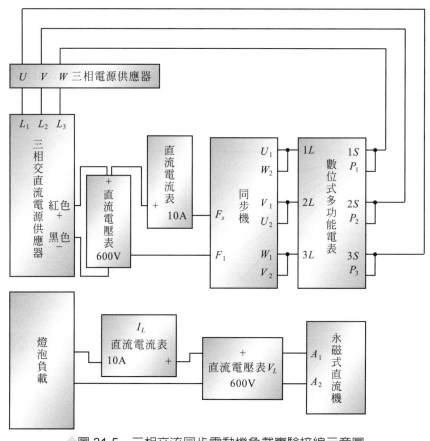

●圖 31-5　三相交流同步電動機負載實驗接線示意圖

實驗步驟

1. 將所有電源開關切到 OFF 或 0 位置。

2. 將所有可變電阻開關切到 OFF 或電阻值最大的位置。

3. 連接所有數位電表上方 AC 110V 插孔，提供數位電表 AC 110V 電源。

4. 連接所有綠色接地插孔，提供接地保護，提高實驗安全性。

5. 將永磁式直流機與三相凸極式同步機的轉軸耦合，以便讓永磁式直流機當作三相凸極式同步機 (電動機)的負載。

6. 接線如圖 31-5 所示。

7. 按住同步電動機的黃色按鈕。

   說明　讓同步機的轉子激磁繞組短路變成鼠籠式感應機。

8. 開電源(將實驗室電源總開關、實驗桌三相電源開關、實驗桌單相電源開關、交流電源盤三相電源開關及交流電源盤單相電源開關都切到 ON，按下三相電源供應器綠色①按鈕)。

9. 開電源後三相電源供應器的 U、V、W，將提供 220V 三相交流電給三相凸極式同步機(電動機)。

10. 將三相交直流電源供應器的切換開關切到"ON"位置，然後旋轉旋鈕，調整使直流電壓表顯示大約 60V(或直流電流表顯示大約 0.3A)，提供同步機直流激磁。

11. 經過 10 秒後(等同步機轉速夠接近同步速)，放開同步電動機的黃色按鈕。

    說明　讓同步機的轉子激磁繞組接受激磁，回復成同步機運轉模式。

12. 調整使燈泡負載 R_L 為 100W1 個。

13. 記錄負載電壓 V_L、負載電流 I_L 與三相凸極式同步機電樞電流 I_A 與功率因數。

    說明　數位式多功能電表模組可切換到 V、I、PF 檔位，方便直接記錄電樞電流 I_A 與功率因數。

14. 分別調整使燈泡負載 R_L 為 100W 1 個加 60W 1 個，100W 1 個加 60W 1 個加 40W 1 個，100W 1 個加 60W 1 個加 40W 2 個，100W 1 個加 60W 1 個加 40W 3 個，100W 1 個加 60W 1 個加 40W 3 個加 10W 1 個，100W 1 個加 60W 1 個加 40W 3 個加 10W 2 個，100W 1 個加 60W 1 個加 40W 3 個加 10W 3 個。

15. 關電源(按下三相電源供應器紅色◎按鈕)。

16. 將所有電源開關切到 OFF 或 0 位置。

17. 將所有可變電阻開關切到 OFF 或電阻值最大的位置。
18. 填寫維護卡。

CHAPTER 32

三相交流同步電動機調相實驗

三相交流同步電動機的單相等效電路如圖 32-1 所示,其中激磁電壓 V_f 與激磁電流 I_f 是直流的,但是電樞電壓 V_p 與反電勢 E_g 則是交流的。

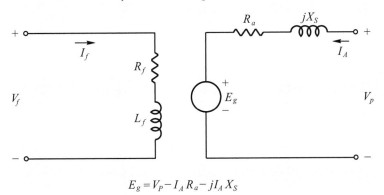

$$E_g = V_P - I_A R_a - j I_A X_S$$

◆圖 32-1 三相交流同步電動機的單相等效電路

將三相交流同步電動機單相等效電路中的電樞電壓與電流畫成向量圖,則如圖 32-2 所示。

如果外加的三相交流電維持固定的電壓,則電樞電壓 V_p 的值會維持固定,而電樞電阻 R_a 與同步電抗 X_S 也是固定值。

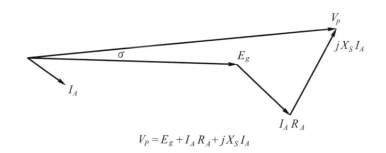

$$V_P = E_g + I_A R_A + jX_S I_A$$

●圖 32-2　三相交流同步電動機單相等效電路中的電樞電壓與電流向量圖

通常電樞電阻 R_a 的值遠小於同步電抗 X_S，所以為了簡化分析，經常忽略電樞電阻 R_a。

當忽略電樞電阻 R_a 時，三相交流同步電動機的輸出轉矩可簡化為

$$T = \frac{3V_p E_g \sin\sigma}{\omega_m X_S}$$

以穩態運轉而言，三相交流同步電動機的轉速維持同步速，所以機械角頻率 ω_m 也是定值，所以只有反電勢 E_g 的大小，以及電樞電壓 V_p 與反電勢 E_g 的夾角 δ 可以改變。

當電樞電壓 V_p 與反電勢 E_g 的夾角 δ 為 90 度時，$\sin\delta=1$，使三相交流同步電動機的輸出轉矩達到理論上的最大值

$$T_{\max} = \frac{3V_p E_g}{\omega_m X_S}$$

由圖 32-2 可知，當電樞電壓 V_p 與反電勢 E_g 的夾角 δ 改變時，因為 V_p、R_a 與 X_S 都維持定值，所以反電勢 E_g 以及電樞電流 I_A 就必須改變大小跟角度。

所以當三相交流同步電動機的輸出轉矩增加，電樞電壓 V_p 與反電勢 E_g 的夾角 δ 就會變大，電樞電流 I_A 就會改變大小跟角度。

因為輸出實功率

$$P = T\omega$$

所以當三相交流同步電動機的輸出轉矩增加，就代表輸出實功率增加，因為反電勢 E_g 與輸出實功率成正比，將這個關係畫成圖，則如圖 32-3 所示。

由圖 32-3 可看出，當三相交流同步電動機的輸出轉矩(輸出實功率)增加，會使電樞電壓 V_p 與反電勢 E_g 的夾角 δ 變大，則電樞電流 I_A 的值就會變大，而且電樞電流 I_A 的角度也會變化。

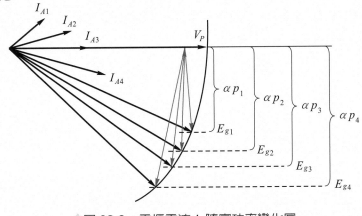

●圖 32-3　電樞電流 I_A 隨實功率變化圖

如果讓三相交流同步電動機的輸出轉矩維持固定，就代表輸出實功率維持固定，此時如果增加三相交流同步電動機的激磁，則反電勢 E_g 的值就會變大，如圖 32-4 所示，因為反電勢 E_g 與輸出實功率成正比，而輸出實功率維持固定，所以反電勢 E_g 必須沿著圖 32-4 下方的虛線移動，才能使輸出實功率維持固定，則電樞電流 I_A 隨激磁的變化將會改變大小跟角度。配合圖 32-4 可知三相交流同步電動機的激磁 I_f 增加，E_{g1} 增加為 E_{g2}，I_{A1} 變為 I_{A2}，P 固定，功因由落後變為超前，故調同步電動機的激磁可調虛功率，但實功率不變。

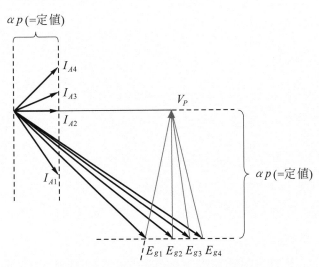

●圖 32-4　電樞電流 I_A 隨激磁變化圖

　　如上述在三相交流同步電動機的輸出轉矩維持固定的情況下，藉由調整三相交流同步電動機的激磁改變功率因數與虛功率，稱為三相交流同步電動機的調相實驗。

　　把電樞電流 I_A 與激磁電流 I_f 的相關曲線畫成圖，則如圖 32-5 所示，因為該圖呈現 V 字形，所以稱為 V 形曲線。I_A 固定，I_f 增加，則會從點 1 到點 2，再到點 3 由落後(消耗 Q)，變成超前(提供 Q)。

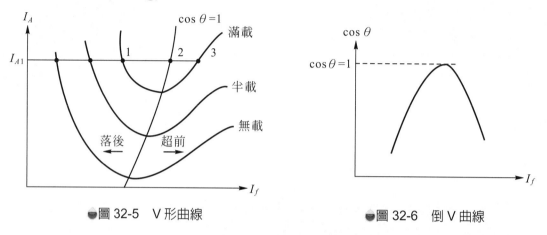

●圖 32-5　V 形曲線　　　　　　　●圖 32-6　倒 V 曲線

　　將功率因數與與激磁 I_f 的相關曲線畫成圖，則如圖 32-6 所示，因為該圖呈現倒 V 字形，所以稱為倒 V 曲線。

　　如果三相交流同步電動機的激磁比較小，會使反電勢 E_g 在電樞電壓 V_p 的投影小於電樞電壓 V_p，如圖 32-7 所示，稱為欠激磁。

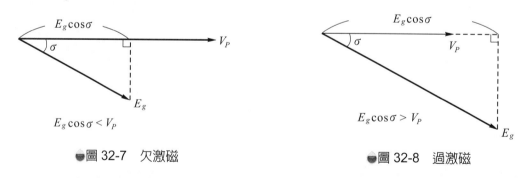

●圖 32-7　欠激磁　　　　　　　　●圖 32-8　過激磁

　　如果三相交流同步電動機的激磁比較大，會使反電勢 E_g 在電樞電壓 V_p 的投影大於電樞電壓 V_p，如圖 32-8 所示，稱為過激磁。

　　如果三相交流同步電動機的激磁剛好使反電勢 E_g 在電樞電壓 V_p 的投影等於電樞電壓 V_p，則稱為正常激磁。

目的　　求出三相交流同步電動機的電樞電流 I_A 隨激磁變化的關係。

所需設備

1. 燈泡負載 1 個。
2. 直流電壓電流表 2 個。
3. 數位式多功能電表模組 1 個。
4. 三相凸極式同步機 1 個。
5. 永磁式直流機 1 個。
6. 三相交直流電源供應器 1 個。
7. 三相電源供應器 1 個。

實驗說明

　　三相交流同步電動機調相實驗接線示意圖，如圖 32-9 所示，由三相交直流電源供應器提供直流電源給三相凸極式同步機的激磁繞組，並由三相交流電源供應器提供三

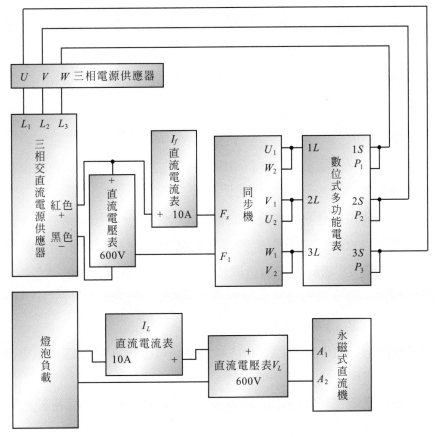

● 圖 32-9　三相交流同步電動機調相實驗接線示意圖

相交流電給三相凸極式同步機的電樞繞組，三相凸極式同步機(電動機)轉動後帶動永磁式直流機(發電機)供電給電阻負載(在此以永磁式直流發電機供電給電阻負載，取代三相凸極式同步電動機轉軸上的機械負載)，以數位式多功能電表模組與直流電壓電流表，分別測量三相凸極式同步機的電樞電流 I_A 與激磁電流 I_f，觀察兩者之間的關係。

☀️ 實驗步驟

1. 將所有電源開關切到 OFF 或 0 位置。
2. 將所有可變電阻開關切到 OFF 或電阻值最大的位置。
3. 連接所有數位電表上方 AC 110V 插孔，提供數位電表 AC 110V 電源。
4. 連接所有綠色接地插孔，提供接地保護，提高實驗安全性。
5. 將永磁式直流機與三相凸極式同步機的轉軸耦合，以便讓永磁式直流機當作三相凸極式同步機 (電動機)的負載。
6. 接線如圖 32-9 所示。
7. 按住同步電動機的黃色按鈕。

> 說明　　讓同步機的轉子激磁繞組短路變成鼠籠式感應機。

8. 開電源(將實驗室電源總開關、實驗桌三相電源開關、實驗桌單相電源開關、交流電源盤三相電源開關及交流電源盤單相電源開關都切到 ON，按下三相電源供應器綠色①按鈕)。
9. 開電源後三相電源供應器的 U、V、W，將提供 220V 三相交流電給三相凸極式同步機(電動機)。
10. 將三相交直流電源供應器的切換開關切到"ON"位置，然後旋轉旋鈕，調整使直流電壓表顯示大約 60V(或直流電流表顯示大約 0.3A)，提供同步機直流激磁。
11. 經過 10 秒後(等同步機轉速夠接近同步速)，放開同步電動機的黃色按鈕。

> 說明　　讓同步機的轉子激磁繞組，接受激磁回復成同步機運轉模式。

12. 調整使燈泡負載 R_L 為 40W 1 個。
13. 分別調整使激磁電流 I_f 為 0.1A、0.15A、0.2A、0.25A，並紀錄激磁電流 I_f 與三相凸極式同步機電樞電流 I_A 與功率因數。

> 說明　　數位式多功能電表模組可切換到 V、I、PF 檔位，方便直接紀錄電樞電流 I_A 與功率因數。

14. 調整使燈泡負載 R_L 為 40W 2 個，重複步驟 13。

15. 調整使燈泡負載 R_L 為 40W 3 個，重複步驟 13。

16. 關電源(按下三相電源供應器紅色◎按鈕)。

17. 將所有電源開關切到 OFF 或 0 位置。

18. 將所有可變電阻開關切到 OFF 或電阻值最大的位置。

19. 填寫維護卡。

CHAPTER 33

交流三相感應電動機無載實驗

交流三相感應電動機,可分成繞線式與鼠籠式。

繞線式交流三相感應電動機(*WR IM*)如圖 33-1 所示,定子由空間位置相差 120 機械角度的三相電樞繞組送入時間相差 120 電機角度的三相交流電,形成定子旋轉磁場,俗稱同步速(與轉磁式三相同步機相同)。

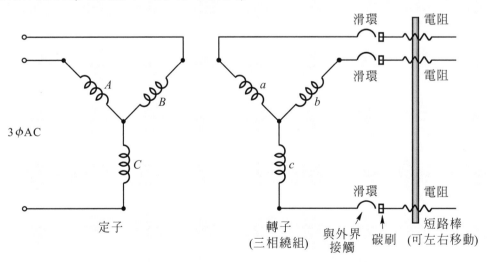

● 圖 33-1　繞線式交流三相感應電動機結構

　　轉子由空間位置相差 120 機械角度的三相轉子繞組組成，因轉子轉速與定子旋轉磁場的同步速不同而存在轉差，故在三相轉子繞組上因磁場變化而感應三相交流電，經滑環與碳刷接到外部的三相電阻，移動外部三相電阻上的短路棒，可以改變轉子的電阻值。

　　三相轉子繞組上感應的三相交流電，也在轉子形成轉子旋轉磁場，轉子旋轉磁場追隨定子旋轉磁場，使轉子轉動。

　　因為三相轉子繞組由三相定子繞組感應產生電壓，與三相變壓器二次側繞組由一次側繞組感應產生電壓極為類似，所以繞線式交流三相感應電動機又稱為旋轉變壓器。

　　繞線式交流三相感應電動機的優點是可以控制轉子的電阻值。

　　繞線式交流三相感應電動機的缺點是轉子為了和外部接觸，必須要有滑環與碳刷，造成結構複雜與易生火花的問題。

　　鼠籠式交流三相感應電動機(SC IM)定子，由空間位置相差 120 機械角度的三相電樞繞組送入時間相差 120 電機角度的三相交流電，形成定子旋轉磁場，俗稱同步速(與轉磁式三相同步機相同)。

　　鼠籠式交流三相感應電動機轉子，如圖 33-2 所示，由圍繞於轉子鐵心外圍的阻尼繞組所組成，因為圍繞於轉子鐵心外圍的阻尼繞組很像養松鼠的圓形鼠籠，所以稱為鼠籠式交流三相感應電動機。

　　鼠籠式交流三相感應電動機的特色：
1. 只須一個交流電源不須直流磁場。
2. SCIM 結構簡單，無碳刷、火花等。

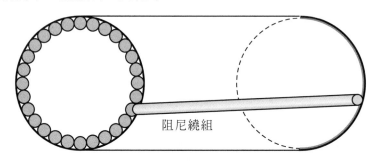

阻尼繞組

●圖 33-2　鼠籠式交流三相感應電動機轉子結構

　　不論交流三相感應電動機是繞線式或鼠籠式，其單相等效電路都可以借用三相變壓器的單相等效電路，如圖 33-3 所示。

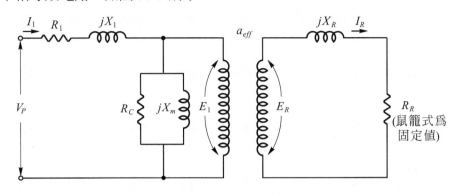

●圖 33-3　三相感應電動機的單相等效電路

　　其中 R_1 與 X_1 為定子繞組每相的電阻與感抗，R_c 與 X_m 代表鐵心的渦流損與磁滯損，R_R 與 X_R 為轉子繞組每相的電阻與感抗，a_{eff} 為等效匝數比。

　　等效匝數比 a_{eff}：

1.　WRIM：$\dfrac{\text{定子每相導體數}}{\text{轉子每相導體數}}$。

2..　SCIM：難定義。

　　如圖 33-4 所示，三相感應電動機的磁化曲線與變壓器比較，因 IM 必有氣隙，故達相同 ϕ_1 時，$I_2 > I_1$，即 IM 的 jX_m 遠小於變壓器的 jX_m。

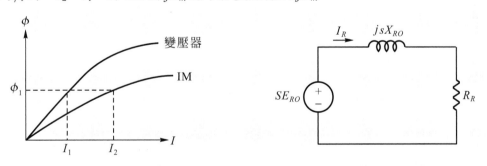

●圖 33-4　三相感應電動機的磁化曲線　　　●圖 33-5　IM 轉子等效電路

　　將圖 33-3 三相感應電動機單相等效電路中的轉子部分單獨取出，可得如圖 33-5 的轉子等效電路。其中 E_{RO} 與 X_{RO} 分別為鎖住轉子時的轉子電壓與電抗。s 為轉差率，定義為(定子旋轉磁場的同步速減去轉子轉速)除以(定子旋轉磁場的同步速)。鎖住轉子時的轉差率等於 1。

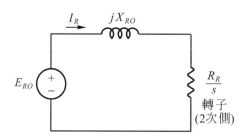

● 圖 33-6　轉子電阻與轉差率有關的轉子等效電路

鎖住轉子時　因 $s = 1$，$E_R = E_{R0}$，$X_R = X_{R0}$，$R_R = R_R$

轉差率 s 時　$E_R = sE_{R0}$，$X_R = sX_{R0}$，$R_R = R_R$

轉子的電壓與電抗跟轉差率有關，但電阻和轉差率無關。可求出轉子電流為

$$I_R = \frac{sE_{R0}}{R_R + jsX_{R0}} = \frac{E_{R0}}{\frac{R_R}{s} + jX_{R0}}$$

故轉子等效電路可畫成如圖 33-6 所示，轉子電阻與轉差率有關的轉子等效電路。將圖 33-6 轉子電阻與轉差率有關的轉子等效電路乘以 a_{eff}^2 換到一次側，則三相感應電動機的單相等效電路可表示成如圖 33-7 所示。

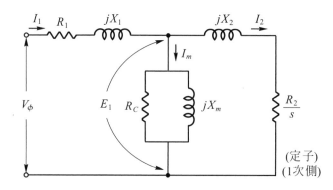

● 圖 33-7　轉子電阻與轉差率有關的三相感應電動機之單相等效電路

為了求出圖 33-7 轉子電阻與轉差率有關的三相感應電動機之單相等效電路中的參數，必須進行無載測試(相當於變壓器的開路實驗)與鎖住轉子測試(相當於變壓器的短路實驗)。

無載測試：測旋轉損及 $X_1 + X_m$

將圖 33-7 中的轉子電阻拆成兩項，則圖 33-7 變成圖 33-8。

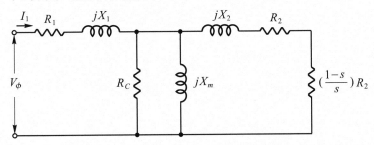

●圖 33-8　轉子電阻拆成兩項的三相感應電動機之單相等效電路

無載轉速 $N_m \approx$ 同步速 N_{sync}，故 s 非常小，$\left(\dfrac{1-s}{s}\right)R_2$ 非常大。$\left(\dfrac{1-s}{s}\right)R_2 \gg jX_2 + R_2$。

故可忽略 $jX_2 + R_2$。則圖 33-8 可簡化成圖 33-9。

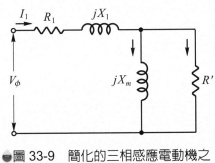

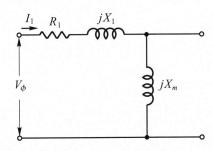

●圖 33-9　簡化的三相感應電動機之
　　　　　單相等效電路

●圖 33-10　再簡化的三相感應電動機之
　　　　　　單相等效電路

其中 $R' = \left(\dfrac{1-s}{s}\right)R_2 \; // \; R_C$，電流大部份走 jX_m，因 R' 很大，故 R' 上的電流小，可再簡化將之開路，則圖 33-9 可簡化成圖 33-10 所示。

R_1 是唯一消耗實功率的元件，若使用兩瓦特計法測 3ϕ IM 的輸入功率 $W_1 + W_2$，則

$$旋轉損 = W_1 + W_2 - 3I_1^2 R_1$$

因　　　$R_1 \ll j(X_1 + X_m)$

故　　　$X_1 + X_m \approx \dfrac{V_\phi}{I_1}$

以上為使用兩瓦特計法測量三相功率，本實驗使用數位式多功能電表模組可直接測得三相功率。

必須求出定子繞組每相電阻，可進行直流測試如圖 33-11 所示，以直流電壓加於三相定子繞組任兩端，測量直流電流，則

$$R_1 = \frac{V_{dc}}{2I_{dc}}$$

定子繞組阻抗為 $R_1 + jX_1$，加直流時 $W = 0$，$X_1 = 0$，故可單獨測得 R_1，但通常交流電阻大於直流電阻，若正常使用頻率較高，則須乘修正倍率。

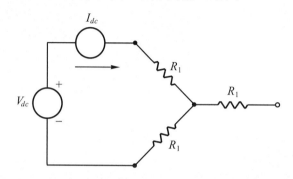

●圖 33-11　直流測試求定子繞組每相電阻 R_1

由於本實驗所使用的三相鼠籠式電動機預設為 Δ 接，定子三相繞組的 6 個插孔分別為 U_1、U_2、V_1、V_2、W_1、W_2，所以量測 U_1、U_2 之間，或 V_1、V_2 之間，或 W_1、W_2 之間，就可以直接量到 Δ 接時電樞繞組的每相電阻值，再除以 3 就可以換算成單相等效電路(預設為 Y 接)中的每相電阻值。

所以，由三相感應電動機之直流測試與無載測試，可得知三相感應電動機之單相等效電路中的 $X_1 + X_m$ 以及無載旋轉損的值。

目的　　求出三相感應電動機單相等效電路中的 $X_1 + X_m$ 以及無載旋轉損的值。

所需設備

1. 三相鼠籠式電動機 1 個。
2. 數位式多功能電表模組 1 個。
3. 三相交直流電源供應器 1 個。
4. 三相電源供應器 1 個。
5. 轉速計 1 個。(非本實驗模組內的儀器，需另外購買)

實驗說明

　　交流三相感應電動機無載實驗接線示意圖，如圖 33-12 所示，由三相交直流電源供應器提供三相交流電給三相鼠籠式電動機的電樞繞組，在無載的狀況下，讓轉速儘可能接近同步速，以數位式多功能電表模組測量輸入功率以及電壓電流。

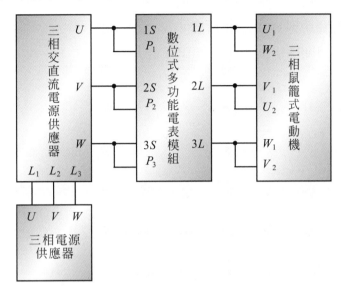

●圖 33-12　交流三相感應電動機無載實驗接線示意圖

實驗步驟

1. 將所有電源開關切到 OFF 或 0 位置。

2. 將所有可變電阻開關切到 OFF 或電阻值最大的位置。

3. 連接所有數位電表上方 AC 110V 插孔，提供數位電表 AC 110V 電源。

4. 連接所有綠色接地插孔，提供接地保護，提高實驗安全性。

5. 接線如圖 33-12 所示。

6. 開電源(將實驗室電源總開關、實驗桌三相電源開關、實驗桌單相電源開關、交流電源盤三相電源開關及交流電源盤單相電源開關都切到 ON，按下三相電源供應器綠色①按鈕)。

7. 將三相交流電源供應器的切換開關切到"ON"位置，然後旋轉旋鈕，慢慢調整，使三相鼠籠式電動機的轉速達到 1670 rpm。(三相鼠籠式電動機的額定轉速)

　說明　必須慢慢調整以避免啟動電流太大。

8. 記錄輸入功率以及電壓電流。

說明▶ 將數位式多功能電表模組下方的黑色長條形蓋子掀開，按 DISPLAY 鈕選擇相電壓(V_1、V_2、V_3)量出相電壓，選擇電流(A_1、A_2、A_3)量出電流，選擇實功率、瓦時與功率因數(W、WH、PF)量出實功率。

9. 關電源(按下三相電源供應器紅色◎按鈕)。

10. 將所有電源開關切到 OFF 或 0 位置。

11. 將所有可變電阻開關切到 OFF 或電阻值最大的位置。

12. 填寫維護卡。

CHAPTER 34

交流三相感應電動機鎖住轉子實驗

　　鎖住轉子測試相當於變壓器的短路測試，因鎖住轉子使轉差率 $s = 1$，故可求出轉子電阻 R_2 及 $X_1 + X_2$。鎖住轉子時因轉差率 $s = 1$，三相感應電動機之單相等效電路可簡化成圖 34-1 所示。

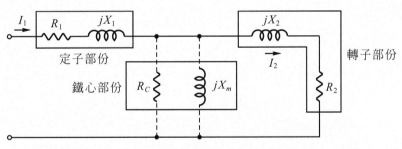

● 圖 34-1　鎖住轉子時三相感應電動機之單相等效電路

因 $X_m \gg |R_2 + jX_2|$，$R_C \gg |R_2 + jX_2|$，可忽略 R_C，X_m 簡化成圖 34-2。

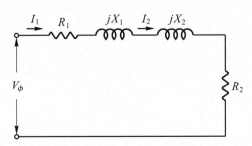

● 圖 34-2　鎖住轉子並忽略 R_C 與 X_m 時三相感應電動機之單相等效電路

則鎖住轉子阻抗

$$Z_{LR} = (R_1 + R_2) + j(X_1 + X_2) = R_{LR} + jX_{LR}$$

$$\therefore \cos\theta = \frac{W_1 + W_2}{\sqrt{3}V_T I_L}$$

以上為使用兩瓦特計法測量三相功率再計算功率因數，本實驗使用數位式多功能電表模組可直接測得功率因數。

$$|Z_{LR}| = \frac{V_T(線電壓)}{\sqrt{3}I_L}$$

以上為使用線電壓計算鎖住轉子電阻，本實驗使用數位式多功能電表模組可直接測得相電壓。

$$R_{LR} = |Z_{LR}|\cos\theta\,(實部)，\quad R_2 = R_{LR} - R_1\,(已求出)$$

若頻率很高，則原本轉速很快卻要將轉子鎖住，若功率大較不易達成，故有時會降低測試頻率。若測試頻率與額定頻率不同，則會測得 X'_{LR}

$$X'_{LR} = |Z_{LR}|\sin\theta\,(虛部)$$

因感抗與頻率成正比，故可換算得

$$X_{LR} = X'_{LR}\left(\frac{額定頻率}{測試頻率}\right)，\quad X_{LR} = X_1 + X_2$$

X_1 與 X_2 的比例因所使用之感應機種類而定，通常可查表。

當 X_1 求出後，由無載實驗的 $X_1 + X_m$ 可求出 X_m。

目的　　求出三相感應電動機單相等效電路中的 X_1、X_2 以及 R_2 的值。

☼ 所需設備

1. 三相鼠籠式電動機 1 個。
2. 數位式多功能電表模組 1 個。
3. 三相交直流電源供應器 1 個。
4. 三相電源供應器 1 個。

實驗說明

　　交流三相感應電動機鎖住轉子實驗接線示意圖，如圖 34-3 所示，由三相交直流電源供應器提供三相交流電給三相鼠籠式電動機的電樞繞組，在鎖住轉子的狀況下，以數位式多功能電表模組測量功率因數以及電壓電流。

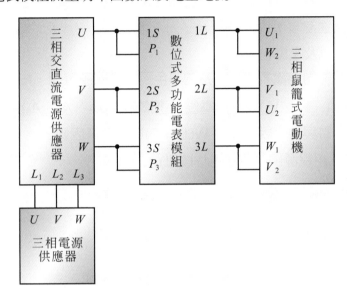

●圖 34-3　交流三相感應電動機鎖住轉子實驗接線示意圖

實驗步驟

1.　將所有電源開關切到 OFF 或 0 位置。
2.　將所有可變電阻開關切到 OFF 或電阻值最大的位置。
3.　連接所有數位電表上方 AC 110V 插孔，提供數位電表 AC 110V 電源。
4.　連接所有綠色接地插孔，提供接地保護，提高實驗安全性。
5.　接線如圖 34-3 所示，並將轉子鎖住。

請注意 本實驗使用的感應機功率很小，可以用手用力握住轉軸耦合用的橡皮套，達到鎖住轉子的效果，但若是大功率電機則千萬不可用手握住轉軸易生危險。

6.　開電源(將實驗室電源總開關、實驗桌三相電源開關、實驗桌單相電源開關、交流電源盤三相電源開關及交流電源盤單相電源開關都切到 ON，按下三相電源供應器綠色①按鈕)。

7. 將三相交流電源供應器的切換開關切到"ON"位置，然後旋轉旋鈕，慢慢調整，使供給三相鼠籠式電動機的電壓達到大約 50V。

說明▶ 須慢慢調整以避免啟動電流太大。

說明▶ 由第 33 章無載實驗可知供給三相鼠籠式電動機的電壓達到大約 50V 時，可使三相鼠籠式電動機的轉速達到額定轉速 1670 rpm，但是因為鎖住轉子所以實際轉速為零。

8. 記錄功率因數以及電壓電流。

說明▶ 將數位式多功能電表模組下方的黑色長條形蓋子掀開，按 DISPLAY 鈕選擇相電壓(V_1、V_2、V_3)量出相電壓，選擇電流(A_1、A_2、A_3)量出電流，選擇實功率、瓦時與功率因數(W、WH、PF)量出功率因數。

9. 關電源(按下三相電源供應器紅色◎按鈕)。

10. 將所有電源開關切到 OFF 或 0 位置。

11. 將所有可變電阻開關切到 OFF 或電阻值最大的位置。

12. 填寫維護卡。

CHAPTER 35

交流三相感應電動機 Y－Δ 啓動實驗

交流三相感應電動機可全壓起動，但為避免起動電流太大，一般仍採用"降壓起動"，除以自耦變壓器降壓之外，常使用

1. Y－Δ 起動

如圖 35-1 所示，雖然加入額定線電壓 220V，但採用 Y 接，所以每相繞組實際上只有$(220)/(\sqrt{3})$的電壓，可達到降壓起動，降低啓動電流的效果，待啓動後再改回 Δ 接運轉，則每相繞組上將得到額定電壓 220V。

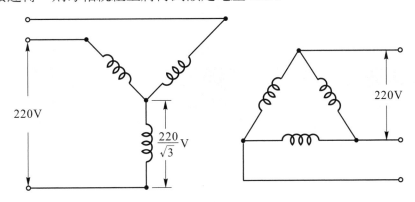

220V

220V

$\frac{220}{\sqrt{3}}$ V

(起動時 Y 接，運轉時為 Δ 接)

🔴圖 35-1　交流三相感應電動機 Y－Δ 啓動

2. 電抗起動

　如圖 35-2 所示，雖然加入額定線電壓 220V，但外加電抗器，所以扣掉外加電抗器上的壓降之後，繞組實際的電壓將低於 220V，可達到降壓起動，降低啓動電流的效果，待啓動後再把外加電抗器慢慢短路，則繞組上將得到額定電壓 220V。

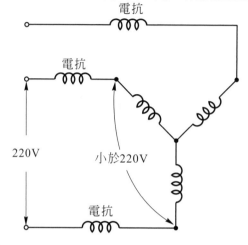

起動時，加電抗器，起動後，再把電抗慢慢短路

🔴圖 35-2　交流三相感應電動機電抗啓動

3. 電阻起動

　如圖 35-3 所示，雖然加入額定線電壓 220V，但外加電阻，所以扣掉外加電阻上的壓降之後，繞組實際的電壓將低於 220V，可達到降壓起動，降低啓動電流的效果，待啓動後再把外加電阻慢慢短路，則繞組上將得到額定電壓 220V。

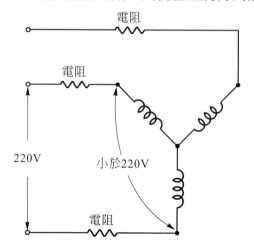

起動時，加電阻器，起動後，再把電阻慢慢短路

🔴圖 35-3　交流三相感應電動機電阻啓動

交流三相感應電動機若採用電抗啓動或電阻啓動，必須增加電抗或電阻的成本，而電抗與電阻也會增加損耗，所以 Y－Δ 啓動是較常被使用的方式。

目的 以 Y－Δ 方式啓動三相感應電動機，以便降低啓動電流的值。

所需設備

1. 三相鼠籠式電動機 1 個。
2. 交流電壓電流表 1 個。
3. Y－Δ 啓動開關 1 個。
4. 三相電源供應器 1 個。

實驗說明

交流三相感應電動機 Y－Δ 啓動實驗接線示意圖，如圖 35-4 所示，由三相電源供應器提供三相 220V 交流電給三相鼠籠式電動機的電樞繞組，透過 Y－Δ 啓動開關，降低啓動電流。

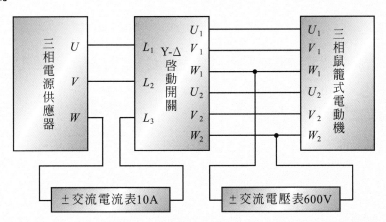

●圖 35-4　交流三相感應電動機 Y－Δ 啓動實驗接線示意圖

實驗步驟

1. 將所有電源開關切到 OFF 或 0 位置。
2. 將所有可變電阻開關切到 OFF 或電阻值最大的位置。
3. 連接所有數位電表上方 AC 110V 插孔，提供數位電表 AC 110V 電源。
4. 連接所有綠色接地插孔，提供接地保護，提高實驗安全性。

5. 接線如圖 35-4。並將 Y－Δ 啓動開關下方開關切到 2，使左方 L_1、L_2、L_3 的 3 個插孔和右方 U_1、V_1、W_1、U_2、V_2、W_2 的 6 個插孔導通，並呈 Δ 接。

說明 ▶ 沒有降壓，直接以全壓啓動。

6. 開電源(將實驗室電源總開關、實驗桌三相電源開關、實驗桌單相電源開關、交流電源盤三相電源開關及交流電源盤單相電源開關都切到 ON，按下三相電源供應器綠色①按鈕)。

7. 記錄電壓與電流。

9. 關電源(按下三相電源供應器紅色◎按鈕)。

10. 將 Y－Δ 啓動開關下方開關切到 1，使左方 L_1、L_2、L_3 的 3 個插孔和右方 U_1、V_1、W_1、U_2、V_2、W_2 的 6 個插孔導通並呈 Y 接。

說明 ▶ 以 Y 接降壓啓動。

11. 開電源(將實驗室電源總開關、實驗桌三相電源開關、實驗桌單相電源開關、交流電源盤三相電源開關及交流電源盤單相電源開關都切到 ON，按下三相電源供應器綠色①按鈕)。

12. 記錄電壓與電流。

13. 將 Y－Δ 啓動開關下方開關切到 2，使左方 L_1、L_2、L_3 的 3 個插孔和右方 U_1、V_1、W_1、U_2、V_2、W_2 的 6 個插孔導通並呈 Δ 接。

說明 ▶ 啓動完成後改以 Δ 接運轉。

14. 記錄電壓與電流。

15. 關電源(按下三相電源供應器紅色◎按鈕)。

16. 將所有電源開關切到 OFF 或 0 位置。

17. 將所有可變電阻開關切到 OFF 或電阻值最大的位置。

18. 填寫維護卡。

CHAPTER 36

交流三相感應電動機自耦變壓器降壓啓動實驗

　　交流三相感應電動機可全壓啓動，不過爲了避免啓動電流太大，經常使用降壓啓動，如果有自耦變壓器，則可用自耦變壓器慢慢調高電壓，達到降壓啓動降低啓動電流的效果。

　　本套實驗設備的三相交直流電源供應器就是一個自耦變壓器，因此可以使用三相交直流電源供應器調整電壓，達到降壓啓動降低啓動電流的效果。

目的 　以自耦變壓器調整電壓，達到降壓啓動降低啓動電流的效果。

所需設備

1. 三相鼠籠式電動機 1 個。
2. 數位式多功能電表模組 1 個。
3. 三相交直流電源供應器 1 個。
4. 三相電源供應器 1 個。
5. 轉速計 1 個。(非本實驗模組內的儀器，需另外購買)

實驗說明

　　交流三相感應電動機自耦變壓器降壓啟動實驗接線示意圖，如圖 36-1 所示，由三相交直流電源供應器(自耦變壓器)提供三相交流電給三相鼠籠式電動機的電樞繞組，以數位式多功能電表模組測量啟動電流。

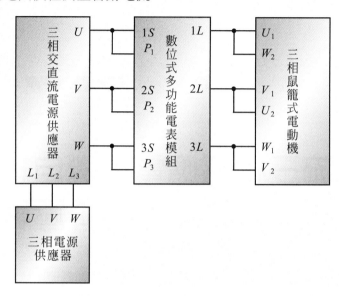

● 圖 36-1　交流三相感應電動機自耦變壓器降壓啟動實驗接線示意圖

實驗步驟

1. 將所有電源開關切到 OFF 或 0 位置。
2. 將所有可變電阻開關切到 OFF 或電阻值最大的位置。
3. 連接所有數位電表上方 AC 110V 插孔，提供數位電表 AC 110V 電源。
4. 連接所有綠色接地插孔，提供接地保護，提高實驗安全性。
5. 接線如圖 36-1 所示。
6. 開電源(將實驗室電源總開關、實驗桌三相電源開關、實驗桌單相電源開關、交流電源盤三相電源開關及交流電源盤單相電源開關都切到 ON，按下三相電源供應器綠色①按鈕)。
7. 將三相交直流電源供應器的切換開關切到"ON"位置，然後旋轉旋鈕，慢慢調整，使供給三相鼠籠式電動機的電壓達到 25V。

8. 記錄電流。

說明 將數位式多功能電表模組下方的黑色長條形蓋子掀開,按 DISPLAY 鈕選擇
電流(A_1、A_2、A_3)量出電流。

9. 關電源(按下三相電源供應器紅色◎按鈕)。

10. 將所有電源開關切到 OFF 或 0 位置。

11. 將所有可變電阻開關切到 OFF 或電阻值最大的位置。

12. 重覆步驟 6～8,分別調整三相交流電源供應器的旋鈕,使供給三相鼠籠式電動機
的電壓分別達到 30V、40V、50V,分別記錄電流。

13. 關電源(按下三相電源供應器紅色◎按鈕)。

14. 將所有電源開關切到 OFF 或 0 位置。

15. 將所有可變電阻開關切到 OFF 或電阻值最大的位置。

16. 填寫維護卡。

CHAPTER 37

交流三相感應電動機轉速控制實驗

三相感應電動機的單相等效電路，如圖 37-1 所示。

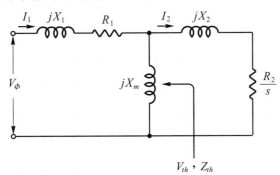

●圖 37-1　三相感應電動機的單相等效電路

其中由轉子往電源端看到的戴維寧等效電壓與戴維寧等效阻抗為

$$V_{th} = \frac{jX_m V_\phi}{R_1 + jX_1 + jX_M}$$

$$|V_{th}| = \frac{X_M V_\phi}{\sqrt{R_1^2 + (X_1 + X_m)^2}}$$

因 $X_m \gg X_1$，且 $X_m \gg R_1$

$$|V_{th}| \approx \frac{X_m V_\phi}{X_1 + X_m}$$

$$Z_{th} = (R_1 + jX_1) \,//\, (jX_m) = R_{th} + jX_{th} = \frac{jX_m(R_1 + jX_1)}{R_1 + j(X_1 + X_m)}$$

$$R_{th} \approx R_1\left(\frac{X_m}{X_1 + X_m}\right)^2 \qquad X_{th} \approx X_1$$

轉子電流

$$I_2 = \frac{V_{th}}{Z_{th} + \left(\dfrac{R_2}{s} + jX_2\right)}$$

$$|I_2| = \frac{V_{th}}{\sqrt{\left(R_{th} + \dfrac{R_2}{s}\right)^2 + (X_{th} + X_2)^2}}$$

由定子轉換到轉子的氣隙功率與轉軸感應的轉矩為

$$P_{AG} = 3I_2^{\,2}\left(\frac{R_2}{s}\right)$$

$$T_{ind} = \frac{P_{AG}}{W_{sync}} = \frac{3V_{th}^{\,2}\left(\dfrac{R_2}{s}\right)}{W_{sync}\left[\left(R_{th} + \dfrac{R_2}{s}\right)^2 + (X_{th} + X_2)^2\right)}$$

$$T_{ind} \propto V_{th}^{\,2}\, , \;\; T_{ind} \propto V_\phi^{\,2}$$

可得知轉軸感應的轉矩與外加電壓的平方成正比,所以控制外加電壓就可以控制轉速。

T_{max} 發生在 P_{AG} 為最大時,即消耗在 $\dfrac{R_2}{s}$ 的功率為最大時,即

$$\frac{R_2}{s} = \sqrt{R_{th}^{\,2} + (X_{th} + X_2)^2} \;\; 時,$$

發生 T_{max} 時的轉差率為

$$s_{max} = \frac{R_2}{\sqrt{R_{th}^{\,2} + (X_{th} + X_2)^2}}$$

$$s_{max} \propto R_2$$

所以產生最大轉矩時的轉差率與轉子電阻的值成正比，因為繞線式感應機可以由短路棒控制轉子電阻，所以如圖 37-2 所示，可以讓感應機由啟動到額定轉速都維持在最大轉矩。

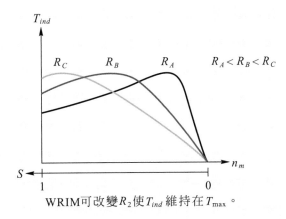

WRIM可改變R_2使T_{ind}維持在T_{max}。

● 圖 37-2　繞線式感應機可以由短路棒控制轉子電阻讓感應機由啟動到額定轉速都維持在最大轉矩

最大轉矩的值為

$$T_{max} = \frac{3V_{th}^2}{2W_{sync}[R_{th} + \sqrt{R_{th}^2 + (X_{th} + X_2)^2}]}$$

三相感應電動機可用以下方式進行速率控制：

1. 改變同步速：
   (1) 改變電頻率
   (2) 改變極數
2. 改變電壓 $T \propto V^2$
3. 改變轉子電阻

其中改變電頻率必須要有變頻器，價格昂貴，改變極數必須做出可改變結構的設計，成本也很高，改變轉子電阻必須是繞線式感應機才能辦到，所以最常用的速度控制方式就是改變電壓。

目的　以自耦變壓器調整電壓，達到控制轉速的效果。

所需設備

1. 三相鼠籠式電動機 1 個。
2. 數位式多功能電表模組 1 個。
3. 三相交直流電源供應器 1 個。
4. 三相電源供應器 1 個。
5. 轉速計 1 個。(非本實驗模組內的儀器,需另外購買)

實驗說明

　　交流三相感應電動機轉速控制實驗接線示意圖,如圖 37-3 所示,由三相交直流電源供應器(自耦變壓器)提供三相交流電給三相鼠籠式電動機的電樞繞組,以數位式多功能電表模組測量電壓。

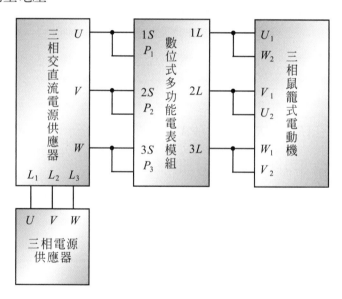

● 圖 37-3　交流三相感應電動機轉速控制實驗接線示意圖

實驗步驟

1. 將所有電源開關切到 OFF 或 0 位置。
2. 將所有可變電阻開關切到 OFF 或電阻值最大的位置。
3. 連接所有數位電表上方 AC 110V 插孔,提供數位電表 AC 110V 電源。
4. 連接所有綠色接地插孔,提供接地保護,提高實驗安全性。

5.　接線如圖 37-3 所示。

6.　開電源(將實驗室電源總開關、實驗桌三相電源開關、實驗桌單相電源開關、交流電源盤三相電源開關及交流電源盤單相電源開關都切到 ON，按下三相電源供應器綠色①按鈕)。

7.　將三相交直流電源供應器的切換開關切到"ON"位置，然後旋轉旋鈕，慢慢調整，使三相鼠籠式電動機的轉速達到 300 rpm。

8.　記錄電壓。

> 說明　將數位式多功能電表模組下方的黑色長條形蓋子掀開，按 DISPLAY 鈕選擇選擇線電壓(A_{12}、A_{23}、A_{31})量出線電壓。

9.　調整三相交流電源供應器的旋鈕，使三相鼠籠式電動機的轉速分別達到 600 rpm、900 rpm、1200 rpm、1500 rpm、1670 rpm，分別記錄電壓。

10.　關電源(按下三相電源供應器紅色◎按鈕)。

11.　將所有電源開關切到 OFF 或 0 位置。

12.　將所有可變電阻開關切到 OFF 或電阻值最大的位置。

13.　填寫維護卡。

CHAPTER 38

交流三相感應電動機負載實驗

三相感應電動機的單相等效電路可表示成如圖 38-1 所示。

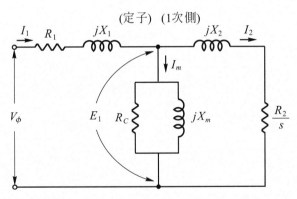

●圖 38-1　三相感應電動機之單相等效電路

將圖 38-1 中的轉子電阻拆成兩項，則圖 38-1 變成圖 38-2。

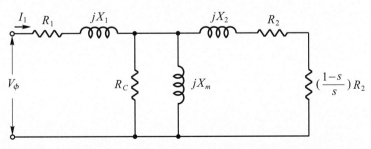

●圖 38-2　轉子電阻拆成兩項的三相感應電動機之單相等效電路

　　由圖 38-3 的三相感應電動機之功率流程可知，由定子輸入的三相電功率扣掉定子三相繞阻的銅損以及鐵心損失之後，會經由空氣隙將功率傳到轉子，稱為氣隙功率。氣隙功率扣掉轉子的銅損之後，會轉換成轉軸上的機械功率，稱為轉換功率。轉換功率扣掉風阻與摩擦等機械損與雜散損之後，就成為轉軸最後輸出的機械功率。

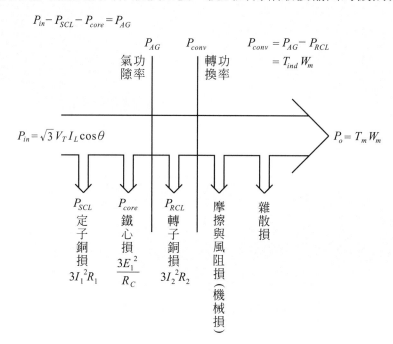

●圖 38-3　三相感應電動機之功率流程圖

　　由圖 38-1，由空氣隙傳到轉子的氣隙功率，必在轉子唯一可消耗實功率的轉子電阻上消耗，所以

$$P_{AG} = 3I_2^2 \left(\frac{R_2}{s} \right)$$

$$P_{RCL} = sP_{AG} \qquad P_{conv} = (1-s)P_{AG}$$

$$T_{ind} = \frac{P_{conv}}{\omega_m} = \frac{(1-s)P_{AG}}{(1-s)\omega_{sync}} = \frac{P_{AG}}{\omega_{sync}}$$

$$P_{conv} = (1-s)P_{AG}$$

| s 大 | P_{conv} 小 | η 低 |
| s 小 | P_{conv} 大 | η 高 |

可知轉差率大(接近啓動或重載)時效率較低，轉差率小(接近同步速或輕載)時效率較高。

另一寫法：

$$P_{conv} = (1-s)P_{AG}$$
$$= (1-s) \cdot (3I_2^{\ 2}) \cdot \left(\frac{R_2}{s}\right)$$
$$= 3I_2^{\ 2}\left[R_2\left(\frac{1-s}{s}\right)\right]$$
$$= 3I_2^{\ 2}P_{conv}$$

P_{conv}：轉換電阻

可得一等效的轉換電阻，將圖 38-1 中的轉子電阻拆成兩項，則圖 38-1 變成圖 38-2，由圖 38-2 可看出此一等效的轉換電阻。

正常運轉通常轉軸轉速 $n_m \approx$ 同步速 n_{sync}，故 $s \approx 0$ 為低轉差率區。此時，

$P_{AG} \approx \dfrac{3sV_{th}^{\ 2}}{R_2}$，$P_{AG} \propto s$，因 $T_{ind} = \dfrac{P_{AG}}{W_{sync}}$，$T_{ind} \propto s$

$$P_{conv} = (1-s)P_{AG} \approx P_{AG} \qquad P_{conv} \propto s$$

故在低轉差率區域功率大約與轉差率成正比。

但輸出轉矩有上限值，所以通常感應機的輸出轉矩如圖 38-4 所示，在接近同步速(轉差率趨近零)，轉差率愈大，輸出轉矩愈大，但在最大轉矩左側(重載，轉差率大)，轉差率愈大，輸出轉矩愈小。

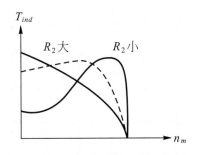

●圖 38-4　感應機的輸出轉矩

目的▶　求出三相感應電動機於不同負載的效率與轉差率。

所需設備

1. 三相鼠籠式電動機 1 個。
2. 數位式多功能電表模組 1 個。
3. 三相交直流電源供應器 1 個。
4. 三相電源供應器 1 個。
5. 永磁式直流機 1 個。
6. 燈泡負載 4 個。
7. 直流電壓電流表 1 個。
8. 轉速計 1 個。(非本實驗模組內的儀器，需另外購買)

實驗說明

　　交流三相感應電動機負載實驗接線示意圖，如圖 38-5 所示，由三相交直流電源供應器提供三相交流電給三相鼠籠式電動機的電樞繞組，以永磁式直流發電機發電供給電阻負載來取代三相鼠籠式電動機的機械負載，在不同的負載的狀況下，以數位式多功能電表模組測量三相鼠籠式電動機的輸入功率，並以直流電壓電流表測量永磁式直流發電機輸出的電壓電流(取代三相鼠籠式電動機的機械輸出)。

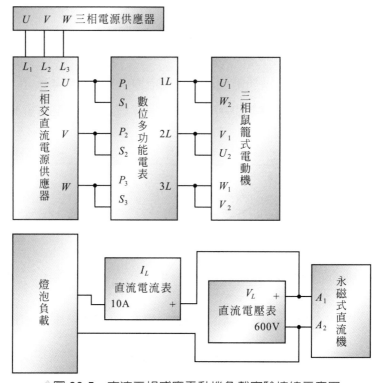

●圖 38-5　交流三相感應電動機負載實驗接線示意圖

實驗步驟

1. 將所有電源開關切到 OFF 或 0 位置。

2. 將所有可變電阻開關切到 OFF 或電阻值最大的位置。

3. 連接所有數位電表上方 AC 110V 插孔，提供數位電表 AC 110V 電源。

4. 連接所有綠色接地插孔，提供接地保護，提高實驗安全性。

5. 接線如圖 38-5。將永磁式直流機與三相鼠籠式電動機的轉軸耦合，以便讓永磁式直流機當作三相鼠籠式電動機的機械負載。

6. 將燈泡負載全部 OFF，使其電阻值 R_L 為∞Ω。

7. 開電源(將實驗室電源總開關、實驗桌三相電源開關、實驗桌單相電源開關、交流電源盤三相電源開關及交流電源盤單相電源開關都切到 ON，按下三相電源供應器綠色①按鈕)。

8. 將三相交直流電源供應器的切換開關切到"ON"位置，然後旋轉旋鈕，慢慢調整，使三相鼠籠式電動機的轉速達到 1670 rpm。(三相鼠籠式電動機的額定轉速)

> 說明　必須慢慢調整以避免啓動電流太大。

9. 記錄三相鼠籠式電動機的輸入電壓、電流與功率，以及永磁式直流發電機輸出的電壓、電流。

> 說明　將數位式多功能電表模組下方的黑色長條形蓋子掀開，按 DISPLAY 鈕選擇相電壓(V_1、V_2、V_3)量出相電壓，選擇電流(A_1、A_2、A_3)量出電流，選擇實功率、瓦時與功率因數(W、WH、PF)量出實功率。

10. 分別調整使燈泡負載 R_L 為 10W 1 個，10W 2 個，10W 3 個，40W 1 個，40W 1 個加 10W 1 個，60W 1 個，60W 1 個加 10W 1 個，40W 2 個，40W 2 個加 10W 1 個，100W 1 個，100W 1 個加 10W 1 個，100W 1 個加 10W 2 個，100W 1 個加 10W 3 個。並記錄三相鼠籠式電動機的輸入電壓電流與功率，以及永磁式直流發電機輸出的電壓電流和轉速。

11. 關電源(按下三相電源供應器紅色◎按鈕)。

12. 將所有電源開關切到 OFF 或 0 位置。

13. 將所有可變電阻開關切到 OFF 或電阻值最大的位置。

14. 填寫維護卡。

CHAPTER 39

交流三相感應發電機實驗

交流三相感應電動機，如果用原動機帶動使其轉速超過同步速，就會變成交流三相感應發電機，爲風力發電的一種應用。

不過因爲交流三相感應發電機只能供應實功率，無法供應虛功率，所以通常必須並聯電容器組以提供虛功率。

目的▶ 用原動機帶動交流三相感應電動機，使其轉速超過同步速及變成交流三相感應發電機。

所需設備

1. 三相鼠籠式電動機 1 個。
2. 數位式多功能電表模組 1 個。
3. 三相交直流電源供應器 1 個。
4. 三相電源供應器 1 個。
5. 永磁式直流機 1 個。
6. 直流電源供應器 1 個。
7. 直流電壓電流表 1 個。
8. 三相電容負載單元 1 個。
9. 轉速計 1 個。(非本實驗模組內的儀器，需另外購買)

實驗說明

　　交流三相感應發電機實驗接線示意圖，如圖 39-1 所示，由三相交直流電源供應器提供三相交流電給三相鼠籠式電動機的電樞繞組，並且由直流電源供應器提供直流電源給永磁式直流機位於轉子的電樞繞組，讓永磁式直流機以 2000 rpm 的轉速(永磁式直流機的額定轉速)當作三相鼠籠式電動機(發電機)的原動機，因為轉速超過三相鼠籠式電動機的同步速 1800 rpm，使三相鼠籠式電動機變成交流三相感應發電機。

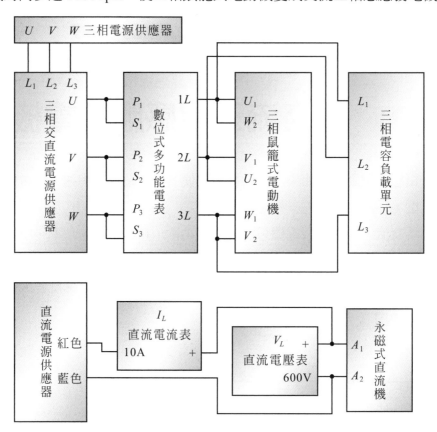

●圖 39-1　交流三相感應發電機實驗接線示意圖

實驗步驟

1. 將所有電源開關切到 OFF 或 0 位置。
2. 將所有可變電阻開關切到 OFF 或電阻值最大的位置。
3. 連接所有數位電表上方 AC 110V 插孔，提供數位電表 AC 110V 電源。
4. 連接所有綠色接地插孔，提供接地保護，提高實驗安全性。

5.　接線如圖 39-1。將永磁式直流機與三相鼠籠式電動機的轉軸耦合以便讓永磁式直流機當作三相鼠籠式電動機的原動機。

請注意 直流電源供應器須接下方的紅色與藍色插孔才可調整輸出。

6.　開電源(將實驗室電源總開關、實驗桌三相電源開關、實驗桌單相電源開關、交流電源盤三相電源開關及交流電源盤單相電源開關都切到 ON，按下三相電源供應器綠色①按鈕)。

7.　將三相交直流電源供應器的切換開關切到"ON"位置，然後旋轉旋鈕，慢慢調整，使三相鼠籠式電動機的轉速達到 1670 rpm。(三相鼠籠式電動機的額定轉速)

說明 必須慢慢調整以避免啟動電流太大。

請注意 如果加到電壓約為 50V 轉速還是很低，可能是永磁式直流機轉向相反所致，關電源，將永磁式直流機的 A1 與 A2 接點對調再重新開始。

8.　記錄三相鼠籠式電動機的輸入電壓電流與功率。

說明 將數位式多功能電表模組下方的黑色長條形蓋子掀開，按 DISPLAY 鈕選擇相電壓(V_1、V_2、V_3)量出相電壓，選擇電流(A_1、A_2、A_3)量出電流，選擇實功率、瓦時與功率因數(W、WH、PF)量出實功率。

9.　將三相電容負載單元的右上方開關切到 ON，並將 S_1、S_2、S_3 開關切到 ON。

10.　記錄三相鼠籠式電動機的輸入電壓電流與功率。

11.　將直流電源供應器的切換開關切到"1"位置，再按下"START"紅色按鈕，然後旋轉藍色"Vadj"旋鈕，調整提供永磁式直流機直流電樞電壓，並以轉速計測試，使永磁式直流機轉速達到 1900 rpm。

說明 由第 13 章永磁式直流電動機啟動實驗及轉速控制實驗的結果可知：要使永磁式直流機轉速達到 1900rpm，提供給永磁式直流機的直流電樞電壓值應該設定為大約 165V。

12.　記錄三相鼠籠式電動機的輸入電壓電流與功率。

13.　旋轉藍色"Vadj"旋鈕，調整提供永磁式直流機直流電樞電壓，並以轉速計測試，使永磁式直流機轉速達到 2000 rpm(直流多用途電機的額定轉速)。

說明 由第 13 章永磁式直流電動機啟動實驗及轉速控制實驗的結果可知：要使永磁式直流機轉速達到 2000 rpm 時，提供給永磁式直流機的直流電樞電壓值應該設定為大約 175V。

14. 記錄三相鼠籠式電動機的輸入電壓電流與功率。

15. 關電源(按下三相電源供應器紅色◎按鈕)。

16. 將所有電源開關切到 OFF 或 0 位置。

17. 將所有可變電阻開關切到 OFF 或電阻值最大的位置。

18. 填寫維護卡。

CHAPTER **40**

萬用電機實驗

電動機可分為直流電動機與交流電動機，可是有部分電動機可同時適用於交流與直流，稱為萬用電機或通用電機。

直流電動機有電樞繞組與激磁繞組，將電樞繞組的電流反向，可以讓直流電動機反轉，將激磁繞組的電流反向也可以讓直流電動機反轉，但是如果將電樞繞組的電流與激磁繞組的電流同時反向，則直流電動機將維持原來的轉動方向。

這樣的特性使得直流電動機有可能可以同時適用於交流與直流。

串激直流電動機加交流電於正半週，如圖 40-1 所示，串激繞組的電流由左往右，電樞繞組的電流由上往下。

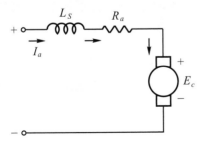

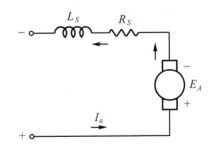

◉圖 40-1　串激直流電動機加交流電於正半週　　◉圖 40-2　串激直流電動機加交流電於負半週

串激直流電動機加交流電於負半週，如圖 40-2 所示，串激繞組的電流由右往左，電樞繞組的電流由下往上。

　　因為電樞繞組的電流與激磁繞組的電流同時反向，所以直流電動機將維持原來的轉動方向。

　　因為電樞繞組的電流與激磁繞組的電流反向的時間完全相同，所以串激直流電動機最適合做為萬用電機。

　　並激直流電動機加交流電於正半週，如圖 40-3 所示，並激繞組的電流由上往下，電樞繞組的電流由左往右。

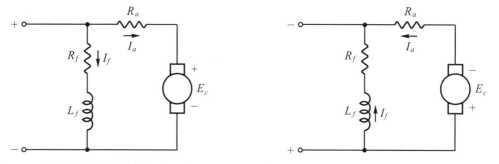

●圖 40-3　並激直流電動機加交流電於正半週　　●圖 40-4　並激直流電動機加交流電於負半週

　　並激直流電動機加交流電於負半週，如圖 40-4 所示，並激繞組的電流由下往上，電樞繞組的電流由右往左。

　　因為電樞繞組的電流與激磁繞組的電流同時反向，所以直流電動機將維持原來的轉動方向。

　　可是並激直流電動機的並激繞組大多需承受高電壓與小電流，所以通常由較細的線繞很多匝組成，因此具有高電感性。

　　電樞繞組則須承受大電流，通常由較粗的線組成，因此電感性低。

　　當電樞繞組與並激繞組並聯加相同的電壓，並激繞組的高電感性將導致並激繞組的電流落後電樞繞組的電流，所以將有一段時間出現電樞繞組的電流已經反向，而並激繞組的電流還沒反向的狀況，使加交流電的並激直流電動機會有一段時間出現反轉。

　　因為電樞繞組的電流與激磁繞組的電流反向的時間並沒完全相同，所以並激直流電動機並不適合做為萬用電機。

　　複激直流電動機因為同時包含串激繞組與並激繞組，所以與並激直流電動機存在相同的問題，並不適合做為萬用電機。因此通常是採用串激直流電動機做為萬用電機。

　　雖然串激直流電動機可以做為萬用電機，但是同一部串激直流電動機加交流電時的性能通常不如加直流電時的性能。

　　理論上當交流電的均方根值與直流值相同，應有相同的性能表現，但因交流電的最大值是均方根值的 $\sqrt{2}$ 倍，很可能會進入磁化曲線的飽和區，導致磁通無法等比例增加而使輸出轉矩低於預期值。

　　另一方面，交流電會於鐵心產生磁滯損與渦流損，也會使同一部串激直流電動機加交流電時的效率低於加直流電時的效率。

　　因此，要當作萬用電機的串激直流電動機通常必須經過改造，例如將工作點設計在磁化曲線的未飽和區，而不要設計在磁化曲線的膝點，或例如將鐵心改成由薄矽鋼片組成以降低渦流損等。

目的　觀察沒有經過改造的直流串激電動機，當作萬用電機的特性差異。

所需設備

1. 直流電源供應器 1 個。
2. 直流電壓電流表 2 個。
3. 直流多用途電機 1 個。
4. 永磁式直流機 1 個。
5. 燈泡負載 4 個。
6. 數位式多功能電表模組 1 個。
7. 三相交直流電源供應器 1 個。
8. 三相電源供應器 1 個。
9. 轉速計 1 個。(非本實驗模組內的儀器，需另外購買)

實驗說明

　　直流串激電動機加直流電的測試與第 22 章直流串激電動機負載實驗相同，接線示意圖如圖 40-5 所示，由直流電源供應器提供直流電源給直流多用途電機位於轉子的電樞繞組(右下方的紅色與藍色插孔有經過矽控整流器，才適合供應電樞繞組)，以及位於定子的串激場繞組，經由兩組磁場交互作用使直流串激電動機轉動。

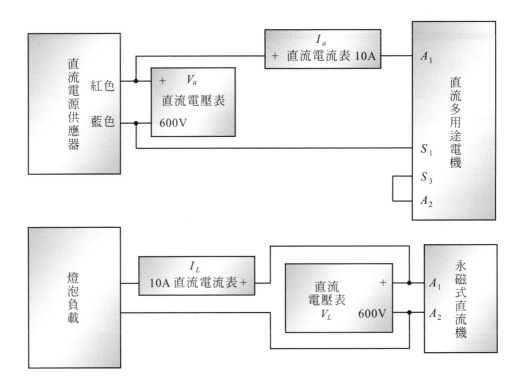

●圖 40-5　直流串激電動機負載實驗接線示意圖

　　直流串激電動機轉動後轉軸帶動永磁式直流機，使其發電再供電給電阻負載，則測量電阻負載單元消耗的功率，就可以間接約略地求出直流串激電動機的輸出功率，再計算出直流串激電動機的輸入功率，就能求出效率。

　　直流串激電動機加交流電當作萬用電機的實驗接線示意圖，如圖 40-6 所示，由三相交直流電源供應器提供交流電源給直流多用途電機位於轉子的電樞繞組，以及位於定子的串激場繞組，經由兩組磁場交互作用使直流串激電動機轉動。

　　直流串激電動機(當作萬用電機)轉動後轉軸帶動永磁式直流機，使其發電再供電給電阻負載，則測量電阻負載單元消耗的功率，就可以間接約略地求出直流串激電動機(當作萬用電機)的輸出功率，再計算出直流串激電動機(當作萬用電機)的輸入功率就能求出效率。

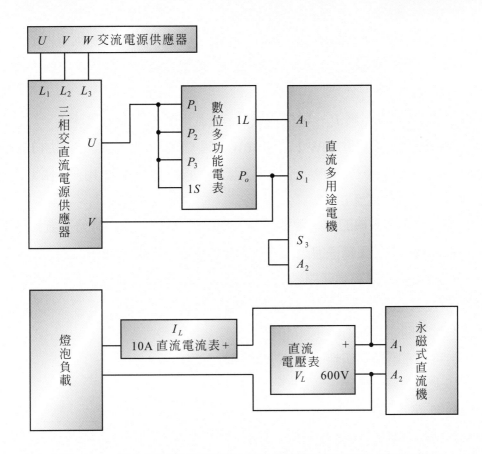

●圖 40-6　直流串激電動機加交流電當作萬用電機的實驗接線示意圖

💡 實驗步驟

1. 將所有電源開關切到 OFF 或 0 位置。

2. 將所有可變電阻開關切到 OFF 或電阻值最大的位置。

3. 連接所有數位電表上方 AC 110V 插孔，提供數位電表 AC 110V 電源。

4. 連接所有綠色接地插孔，提供接地保護，提高實驗安全性。

5. 將永磁式直流機與直流多用途電機的轉軸耦合，以便讓永磁式直流機當作直流多用途電機(電動機)的機械負載。

6. 接線如圖 40-5 所示。

7. 調整使燈泡負載為 100W 1 個。

8. 開電源(將實驗室電源總開關、實驗桌三相電源開關、實驗桌單相電源開關、交流電源盤三相電源開關及交流電源盤單相電源開關都切到 ON，按下三相電源供應器綠色①按鈕)。

9.　將直流電源供應器的切換開關切到"1"位置，再按下直流電源供應器的"START"紅色按鈕，然後旋轉藍色"Vadj"旋鈕調整，使提供給直流多用途電機的電樞電壓大約為 134V。

10.　紀錄轉速 S、電樞電壓 V_a、電樞電流 I_a、負載電壓 V_L、負載電流 I_L。

11.　分別調整使燈泡負載為 40W 2 個加 10W 1 個，40W 2 個，60W 1 個加 10W 1 個，60W 1 個，40W 1 個加 10W 1 個，並紀錄轉速 S、電樞電壓 V_a、電樞電流 I_a、負載電壓 V_L、負載電流 I_L。

請注意 直流多用途電機的額定轉速為 1780rpm，故上述測試最好不要讓轉速超過 2000rpm。如果轉速很高導致可測量數據過少，可將步驟 9 的 134V 降低為 120V 或 110V 再重新開始。

12.　關電源(按下三相電源供應器紅色◎按鈕)。

13.　將所有電源開關切到 OFF 或 0 位置。

14.　將所有可變電阻開關切到 OFF 或電阻值最大的位置。

說明 以上為加直流電源。

15.　接線如圖 40-6 所示。

16.　調整使燈泡負載的電阻值為 10W 1 個。

17.　開電源(將實驗室電源總開關、實驗桌三相電源開關、實驗桌單相電源開關、交流電源盤三相電源開關及交流電源盤單相電源開關都切到 ON，按下三相電源供應器綠色①按鈕)。

18.　將三相交流電源供應器的切換開關切到"ON"位置，然後旋轉旋鈕，慢慢調整，使提供給直流多用途電機的電樞電壓大約為 190V。

說明 190V 的均方根值為 134V 與加直流電源時的電壓相同。

19.　紀錄轉速 S、輸入功率(數位式多功能電表切到 V_1，V_2，V_3 檔 W，WH，PF 檔)、負載電壓 V_L、負載電流 I_L。

20.　分別調整使燈泡負載為 10W 2 個，10W 3 個，40W 1 個，40W 1 個加 10W 1 個，60W 1 個，60W 1 個加 10W 1 個，40W 2 個，40W 2 個加 10W 1 個，100W 1 個，並紀錄轉速 S、輸入功率、負載電壓 V_L、負載電流 I_L。

說明 因為本實驗室的直流機沒有為了使用於交流電而特別改造，所以加交流電時鐵損很大，可能會出現嗡嗡聲與抖動，有部分機組甚至可能因為鐵損太大而無法轉動。上述測試當停止轉動或轉速忽快忽慢導致數據太小或數據跳動而無法紀錄時即可提早停止。若可測數據太少，可將步驟 18 的 190V 提高為 200V 或 210V 再重新開始。

21. 關電源(按下三相電源供應器紅色◎按鈕)。

22. 將所有電源開關切到 OFF 或 0 位置。

23. 將所有可變電阻開關切到 OFF 或電阻值最大的位置。

說明▶ 以上為加交流電源當作萬用電機使用。

24. 填寫維護卡。

參考文獻

1. Irving L. Kosow, "Electric machinery and transformers", Prentice Hall, 1972.
2. 卓胡誼，"高應科大電機機械實驗手冊"，ISBN:978-957-43-0720-3， 2013 年 8 月。
3. 卓胡誼，"電機機械實習"，ISBN:978-957-21-9999-2， 2015 年 9 月。

CHAPTER 附錄

實驗紀錄表

實驗名稱

CH3 單相變壓器極性實驗

班 級	
學 號	
姓 名	
組 別	

實驗結果

標示 220V 的端點與標示 110V 的端點是否為同極性？

討論

1. 直流法與交流法哪一種比較安全？

2. 感應法與加減法哪一種比較容易判別？

實驗名稱

CH4 單相變壓器開路實驗

班 級	
學 號	
姓 名	
組 別	

實驗結果

項目	V_1(V)	I_1(A)	W_1(W)	R_c(Ω)	X_m(Ω)	$\cos\theta$
數值						

討論

1. 變壓器開路實驗需要加額定電壓還是額定電流？

2. 變壓器開路實驗為什麼要由低壓側輸入？

3. 變壓器開路實驗輸入的電流是否遠小於額定電流？

4.　變壓器開路實驗瓦特表量到的是銅損還是鐵損？

 答

5.　變壓器開路實驗的功率因數是高還是低？

 答

實驗名稱

CH5 單相變壓器短路實驗

班 級	
學 號	
姓 名	
組 別	

實驗結果

項目	V_2(V)	I_2(A)	W_2(W)	$R_{eq}(\Omega)$	$X_{eq}(\Omega)$	$\cos\theta$
數值						

說明 匝數比 $a = V_1/V_2 = 110/220 = 0.5$

配合開路實驗的結果,可以得到:

變壓器以一次側(110V 側)為基準的近似等效電路。

變壓器以二次側(220V 側)為基準的近似等效電路。

💡討論

1. 變壓器短路實驗需要加額定電壓還是額定電流？

   答

2. 變壓器短路實驗為什麼要由高壓側輸入？

   答

3. 變壓器短路實驗輸入的電壓是否遠小於額定電壓？

   答

4. 變壓器短路實驗瓦特表量到的是銅損還是鐵損？

   答

5. 變壓器短路實驗的功率因數是高還是低？

   答

💡 **實驗名稱**

CH6 單相變壓器負載實驗

班 級	
學 號	
姓 名	
組 別	

💡 **實驗結果**

項目 ╲ 負載電阻	W_1 (W)	V_1 (V)	I_1 (A)	W_2 (W)	V_2 (V)	I_2 (A)	效率 η(%)	電壓調整率(%)
無載								
100W 燈泡 1 個								
100W 燈泡 2 個								
100W 燈泡 3 個								
100W 燈泡 3 個 60W 燈泡 1 個								
100W 燈泡 3 個 60W 燈泡 2 個								
100W 燈泡 3 個 60W 燈泡 3 個								
100W 燈泡 3 個 60W 燈泡 3 個 40W 燈泡 1 個								
100W 燈泡 3 個 60W 燈泡 3 個 40W 燈泡 2 個								
100W 燈泡 3 個 60W 燈泡 3 個 40W 燈泡 3 個								
100W 燈泡 3 個 60W 燈泡 3 個 40W 燈泡 3 個 10W 燈泡 3 個								

討論

1.   無載是指負載電壓等於零還是負載電流等於零?此時負載電阻是等於零還是無窮大(開路)?

2.   為什麼無載時輸出功率 $W_2 = 0$ 而輸入功率 $W_1 \neq 0$？

3.   量測的 V_2 為什麼不等於 V_1 除以匝數比？

4.   量測的 I_1 為什麼不等於 I_2 除以匝數比？
答

💡 **實驗名稱**

CH7 三相 Y－Y 接變壓器負載實驗

班 級	
學 號	
姓 名	
組 別	

💡 **實驗結果**

負載 ＼ 項目	V_1 (V)	V_2 (V)	I_1 (A)	I_2 (A)	W_1 (W)	W_2 (W)	PF1	PF2	效率 η(%)	電壓調整率(%)
無載										
電阻 S1 ON										
電阻 S2 再 ON										
電阻 S3 再 ON										
電阻 S4 再 ON										
電阻 S5 再 ON										
電阻 S6 再 ON										
電阻 S1 ON 且 電感 S1 ON										
電阻 S2 再 ON										
電阻 S3 再 ON										
電阻 S4 再 ON										
電阻 S5 再 ON										
電阻 S6 再 ON										
電阻 S1 ON 且 電感 S1 ON										
電感 S2 再 ON										
電感 S3 再 ON										
電感 S4 再 ON										
電感 S5 再 ON										
電感 S6 再 ON										
電阻 S1 ON 且 電容 S1 ON										

(續前表)

項目 / 負載	V_1 (V)	V_2 (V)	I_1 (A)	I_2 (A)	W_1 (W)	W_2 (W)	PF1	PF2	效率 η(%)	電壓調整率(%)
電阻 S2 再 ON										
電阻 S3 再 ON										
電阻 S4 再 ON										
電阻 S5 再 ON										
電阻 S6 再 ON										
電阻 S1 ON 且 電容 S1 ON										
電容 S2 再 ON										
電容 S3 再 ON										
電容 S4 再 ON										
電容 S5 再 ON										
電容 S6 再 ON										

功率因素負值表示為超前功率因素，例如-0.43 表示超前 0.57。

💡 **討論**

1. 無載是指負載電壓等於零還是負載電流等於零？此時負載電阻是等於零還是無窮大(開路)？

2. 為什麼無載時輸出功率 $W_2 = 0$ 而輸入功率 $W_1 \neq 0$？

3. 當負載為純電阻，當並聯的電阻增加時負載電壓愈來愈_____(小或大或幾乎固定不變)？負載電流愈來愈_____(小或大或幾乎固定不變)？負載功率愈來愈_____(小或大或幾乎固定不變)？功率因數愈來愈_____(小或大或幾乎固定不變)？電壓調整率愈來愈_____(小或大或幾乎固定不變)？電壓調整率是_____(正數或負數)？

答

4. 當負載為電阻與電感的組合，當電感固定且並聯的電阻增加時負載電壓愈來愈_____(小或大或幾乎固定不變)？負載電流愈來愈_____(小或大或幾乎固定不變)？電壓調整率愈來愈_____(小或大或幾乎固定不變)？電壓調整率是_____(正數或負數)？

答

5. 當負載為電阻與電感的組合，與純電阻且電阻值相同比較，負載電壓更_____(高或低)？負載電流更_____(小或大)？負載功率更_____(小或大或幾乎固定不變)？電壓調整率更_____(小或大)？

答

6. 當負載為電阻與電容的組合，當電容固定且並聯的電阻增加時負載電壓愈來愈_____(小或大或幾乎固定不變)？負載電流愈來愈_____(小或大或幾乎固定不變)？

答

7. 當負載為電阻與電容的組合，與純電阻且電阻值相同比較，負載電壓更＿＿＿＿＿＿(高或低)？負載電流更＿＿＿＿＿＿(小或大)？負載功率更＿＿＿＿＿＿(小或大或幾乎固定不變)？電壓調整率是＿＿＿＿＿＿(正數或負數)？功率因數愈來愈＿＿＿＿＿＿(落後或超前)？

💡 **實驗名稱**

CH8 三相 Y－Y 接變壓器開路電壓
測試實驗

班 級	
學 號	
姓 名	
組 別	

💡 **實驗結果**

輸入線電壓(V)	
輸出線電壓(V)	
線電壓比	

💡 **實驗名稱**

三相 Y－Δ 接變壓器開路電壓測試實驗

💡 **實驗結果**

輸入線電壓(V)	
輸出線電壓(V)	
線電壓比	

💡 **實驗名稱**

三相 Δ－Y 接變壓器開路電壓測試實驗(輸入電壓 220V)

💡 **實驗結果**

輸入線電壓(V)	
輸出線電壓(V)	
線電壓比	

💡 實驗名稱

三相 Δ－Δ 接變壓器開路電壓測試實驗

💡 實驗結果

輸入線電壓(V)	
輸出線電壓(V)	
線電壓比	

💡 實驗名稱

三相 Δ－Y 接變壓器開路電壓測試實驗(輸入電壓 110V)

💡 實驗結果

輸入線電壓(V)	
輸出線電壓(V)	
線電壓比	

💡 討論

1. 三相 Y－Y 接變壓器的線電壓比與單相變壓器的相電壓比＿＿＿＿(相同或不同)？

   答

2. 三相 Y－Δ 接變壓器的線電壓比與單相變壓器的相電壓比＿＿＿＿(相同或不同)？

   答

3. 三相 Δ－Y 接變壓器的線電壓比與單相變壓器的相電壓比＿＿＿＿＿＿＿(相同或不同)？

   答

4. 三相 Δ－Δ 接變壓器的線電壓比與單相變壓器的相電壓比＿＿＿＿＿＿＿(相同或不同)？

   答

5. 三相 Y－Δ 接變壓器適合＿＿＿＿＿＿＿(升壓或降壓)？

   答

6. 三相 Δ－Y 接變壓器適合＿＿＿＿＿＿＿(升壓或降壓)？

   答

☼ 實驗名稱

CH9 三相變壓器的開 Y 開 Δ 接法
開路電壓測試實驗

班　級	
學　號	
姓　名	
組　別	

☼ 實驗結果

第 1 個單相變壓器的低壓側繞組 a 在 110V 與 0V 間線電壓(V)	
第 2 個單相變壓器的低壓側繞組 b 在 110V 與 0V 間線電壓(V)	
第 1 個單相變壓器的低壓側繞組在 110V 與 第 2 個單相變壓器的低壓側繞組在 0V 間線電壓(V)	

☼ 討論

1. 三相變壓器的開 Y 開 Δ 接法是否有可以用 2 個單相變壓器完成將三相電源改變電壓提供被改變電壓之後三相電源的功能＿＿＿＿(可以或不可以)？

   答

☀ **實驗名稱**

CH10 三相變壓器 V－V 接法
開路電壓測試實驗

班 級	
學 號	
姓 名	
組 別	

☀ **實驗結果**

第 1 個單相變壓器的低壓側繞組 *a* 在 110V 與 0V 間線電壓(V)	
第 2 個單相變壓器的低壓側繞組 *b* 在 110V 與 0V 間線電壓(V)	
第 1 個單相變壓器的低壓側繞組在 110V 與 第 2 個單相變壓器的低壓側繞組在 0V 間線電壓(V)	

☀ **討論**

1. 三相變壓器 V－V 接法是否有可以用 2 個單相變壓器完成將三相電源改變電壓提供被改變電壓之後三相電源的功能＿＿＿＿＿＿(可以或不可以)？

   答

☀ **實驗名稱**

CH11 變壓器三相史考特 T 接法
開路電壓測試實驗

班　級	
學　號	
姓　名	
組　別	

☀ **實驗結果**

第 1 個單相變壓器的高壓側繞組在 190V 與 0V 間(V)	
第 1 個單相變壓器的高壓側繞組在 220V 與 0V 間(V)	
第 2 個單相變壓器的高壓側繞組在 110V 與 0V 間(V)	
第 2 個單相變壓器的高壓側繞組在 110V 與 220V 間(V)	
第 1 個單相變壓器的高壓側繞組在 190V 與 第 2 個單相變壓器的高壓側繞組在 220V 間(V)	
第 1 個單相變壓器的高壓側繞組在 190V 與 第 2 個單相變壓器的高壓側繞組在 0V 間(V)	
第 2 個單相變壓器的高壓側繞組在 0V 與 220V 間的電壓(V)	
第 1 個單相變壓器的低壓側繞組在 190V 與 0V 間(V)	
第 1 個單相變壓器的低壓側繞組在 220V 與 0V 間(V)	
第 2 個單相變壓器的低壓側繞組在 110V 與 0V 間(V)	
第 2 個單相變壓器的低壓側繞組在 110V 與 220V 間(V)	
第 1 個單相變壓器的低壓側繞組在 190V 與 第 2 個單相變壓器的低壓側繞組在 220V 間(V)	
第 1 個單相變壓器的低壓側繞組在 190V 與 第 2 個單相變壓器的低壓側繞組在 0V 間(V)	
第 2 個單相變壓器的低壓側繞組在 0V 與 220V 間的電壓(V)	

☼ 討論

1.　110V 與 190V 的平方和開根號是否為 220V ？

　　答

2.　變壓器三相史考特 T 接法是否可以用 2 個單相變壓器，完成將三相電源改變為兩相電源的功能_____(可以或不可以) ？

　　答

3.　變壓器三相史考特 T 接法是否感應到二次側，也達成將三相電源改變為兩相電源的功能_____(可以或不可以) ？

　　答

✦ **實驗名稱**

CH12 三相同步電動機啟動實驗

班 級	
學 號	
姓 名	
組 別	

✦ **實驗結果**

放開同步電動機的黃色按鈕前之轉速(rpm)	
放開同步電動機的黃色按鈕後之轉速(rpm)	

✦ **討論**

1. 同步機為什麼必須先以感應機的方式啟動？

2. 以感應機的方式啟動時，轉速是否可達到同步速？

3. 啟動完成後同步機是否以額定轉速 1800 rpm 運轉？

   答

🔆 **實驗名稱**

班 級	
學 號	
姓 名	
組 別	

CH13 永磁式直流電動機啓動實驗 及轉速控制實驗

🔆 **實驗結果**

轉速(rpm)	輸入電壓(V)	輸入電流(A)
0		
100		
200		
300		
400		
500		
600		
700		
800		
900		
1000		
1100		
1200		
1300		
1400		
1500		
1600		
1700		
1800		
1900		
2000		

💡**討論**

1. 啓動完成後永磁式直流電動機,是否能以額定轉速 2000 rpm 運轉?

2. 想讓永磁式直流電動機以轉速 1100 rpm 運轉,則提供給永磁式直流機的直流電樞電壓值應該設定爲多少?

3. 想讓永磁式直流電動機以轉速 1780 rpm 運轉,則提供給永磁式直流機的直流電樞電壓值應該設定爲多少?

4. 永磁式直流電動機的轉速與提供給永磁式直流機的直流電樞電壓值是否成正比?爲什麼?

5. 永磁式直流電動機的轉速與提供給永磁式直流機的直流電樞電流值是否成正比?爲什麼?

☼ **實驗名稱**

CH14 直流他激發電機無載實驗

班 級	
學 號	
姓 名	
組 別	

☼ **實驗結果**

激磁電壓 V_f (V)	激磁電流 I_f (A)	電樞電壓 V_L (V)	電樞電壓與上一個量測值的差
	0		×××
	0.01		
	0.02		
	0.03		
	0.04		
	0.05		
	0.06		
	0.07		
	0.08		
	0.09		
	0.1		
	0.11		
	0.1		
	0.09		
	0.08		
	0.07		
	0.06		
	0.05		
	0.04		
	0.03		
	0.02		
	0.01		
	0		

畫出電樞電壓與激磁電流之間的關係圖。

討論

1. 是否有飽和現象(I_f 較大時 V_L 增加量逐漸減少)？

2. 是否有磁滯現象(I_f 增加與減少分成兩條曲線)？

3. 鐵心是否有剩磁(I_f 減少回到零時 V_L 不等於零)？
答

實驗名稱

CH15 並激直流發電機之電壓建立實驗

班 級	
學 號	
姓 名	
組 別	

實驗結果

外加電阻 R (Ω)	並激場電阻 R_f (Ω)	總電阻 $R+R_f$ (Ω)	電樞電壓 V(V)
0			
100W 燈泡 3 個 60W 燈泡 3 個 40W 燈泡 3 個 10W 燈泡 3 個 約 78Ω			
100W 燈泡 2 個 60W 燈泡 3 個 40W 燈泡 3 個 10W 燈泡 3 個 約 93Ω			
100W 燈泡 1 個 60W 燈泡 3 個 40W 燈泡 3 個 10W 燈泡 3 個約 113Ω			
60W 燈泡 3 個 40W 燈泡 3 個 10W 燈泡 3 個約 147Ω			
60W 燈泡 2 個 40W 燈泡 3 個 10W 燈泡 3 個約 180Ω			
60W 燈泡 1 個 40W 燈泡 3 個 10W 燈泡 3 個約 234Ω			
40W 燈泡 3 個 10W 燈泡 3 個約 333Ω			

外加電阻 R (Ω)	並激場電阻 R_f (Ω)	總電阻 $R+R_f$ (Ω)	電樞電壓 V(V)
40W 燈泡 2 個 10W 燈泡 3 個約 458Ω			
40W 燈泡 1 個 10W 燈泡 3 個約 710Ω			
10W 燈泡 3 個約 1375Ω			
10W 燈泡 2 個約 2200Ω			
10W 燈泡 1 個約 5500Ω			
開路∞Ω			

說明 如圖 15-5 所示，直流機本身分激場的電阻為 R_f，我們利用外加的可變電阻 R 來改變分激場的總電阻，故 $R_f' = R_f + R$。

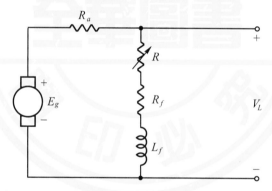

●圖 15-5　串聯外加分激磁場電阻的直流發電機

討論

1. 為什麼直流發電機不加負載？
   答

2. $R >$ _____Ω 以後，直流發電機建立的電壓太小，可能無法在有負載時穩定運轉。
   答

3. 臨界電阻為_____Ω。
   答

4. 如果電壓一直無法建立，可能是甚麼原因，應該如何處理？
   答

☀️ **實驗名稱**

CH16 直流他激發電機負載實驗

班 級	
學 號	
姓 名	
組 別	

☀️ **實驗結果**

$R_L(\Omega)$	∞	100 W 1 個	100 W 2 個	100 W 3 個	100 W 3 個 40W 1 個	100 W 3 個 40W 2 個	100 W 3 個 40W 3 個	100 W 3 個 40W 3 個 60W 1 個	100 W 3 個 40W 3 個 60W 2 個	100 W 3 個 40W 3 個 60W 3 個
$V_L(V)$										
$I_L(A)$										
電壓調整率%										

畫出負載電壓 V_L 與負載電流 I_L 之間的關係圖。

💡討論

1.　當負載電流增大時，外部特性曲線呈現上升趨勢或是下降趨勢？

　　答

2.　所謂負載增加是指負載電流增大或是負載電阻增大？

　　答

3.　直流他激發電機是否適合當做定電壓源？

　　答

☀ 實驗名稱

CH17 直流串激發電機負載實驗

班 級	
學 號	
姓 名	
組 別	

☀ 實驗結果

R_L (Ω)	V_L (V)	I_L (A)	電壓調整率%
∞			
100W 1 個			
100W 2 個			
100W 3 個			
100W 3 個 60W 1 個			
100W 3 個 60W 1 個 40W 1 個			
100W 3 個 60W 1 個 40W 2 個			
100W 3 個 60W 1 個 40W 3 個			
100W 3 個 60W 1 個 40W 3 個 10W 1 個			
100W 3 個 60W 1 個 40W 3 個 10W 2 個			

R_L (Ω)	V_L (V)	I_L (A)	電壓調整率%
100W 3 個 60W 1 個 40W 3 個 10W 3 個			

畫出負載電壓 V_L 與負載電流 I_L 之間的關係圖。

 討論

1.　當負載電流增大時，外部特性曲線呈現上升趨勢或是下降趨勢？

2.　直流他激發電機是否適合當做定電壓源？

💡 **實驗名稱**

CH18 直流複激發電機負載實驗

班 級	
學 號	
姓 名	
組 別	

💡 **實驗結果**

S_1 與 S_3 的接線互換之前

R_L (Ω)	∞	100W 1 個	100W 2 個	100W 3 個	100W 3 個 60W 1 個	100W 3 個 60W 1 個 40W 1 個	100W 3 個 60W 1 個 40W 2 個
V_L (V)							
I_L (A)							
電壓調整率%							

畫出負載電壓 V_L 與負載電流 I_L 之間的關係圖。

S_1 與 S_3 的接線互換之後

R_L (Ω)	∞	100W 1 個	100W 2 個	100W 3 個	100W 3 個 60W 1 個	100W 3 個 60W 1 個 40W 1 個	100W 3 個 60W 1 個 40W 2 個
V_L (V)							
I_L (A)							
電壓調整率%							

畫出負載電壓 V_L 與負載電流 I_L 之間的關係圖。

💡討論

1. S_1 與 S_3 的接線互換之前，當負載電流增大時，外部特性曲線呈現上升趨勢或是下降趨勢？這是加複激或是差複激？
   答

2. S_1 與 S_3 的接線互換之後，當負載電流增大時，外部特性曲線呈現上升趨勢或是下降趨勢？這是加複激或是差複激？
   答

3. 直流加複激發電機是否適合當做定電壓源？
   答

4. 直流差複激發電機是否適合當做定電壓源？
   答

☀ **實驗名稱**

CH19 直流他激電動機負載實驗

班 級	
學 號	
姓 名	
組 別	

☀ **實驗結果**

無載轉速=＿＿＿＿＿rpm。

R_L (Ω)	∞	100W1 個	100W2 個	100W3 個	100W3 個 60W1 個	100W3 個 60W2 個	100W3 個 60W3 個	100W3 個 60W3 個 40W1 個
S (rpm)								
V_a (V)								
I_a (A)								
V_f (V)								
I_f (A)								
V_L (V)								
I_L (A)								
輸入(W)								
輸出(W)								
效率%								
轉速調整率%								

畫出轉速 S 與電樞電流 I_a 之間的關係圖。

討論

1. 當負載電流增大時(代表機械負載增加)，轉速上升或是下降？
答

2. 當負載電流增大時(代表機械負載增加)，電樞電壓上升或是下降？
答

3. 當負載電流增大時(代表機械負載增加)，電樞電流增加或是減少？
答

4. 當負載電流增大時(代表機械負載增加)，激磁電壓、電流增加或減少？
答

5. 當負載電流增大時(代表機械負載增加)，效率增加或減少？
答

6. 假設永磁式直流機的效率是 0.8，則直流他激電動機在 $R_L = 100\Omega$ 時，真正的效率是多少？
答

實驗名稱

CH20 他激直流電動機電樞電壓控速法

班 級	
學 號	
姓 名	
組 別	

實驗結果

S (rpm)	0	100	300	500	700	900
V_a(V)						
I_a(A)						
S (rpm)	1100	1300	1500	1700	1780	
V_a(V)						
I_a(A)						

畫出轉速 S 與電樞電壓 V_a 之間的關係圖。

討論

1. 轉速 S 與電樞電壓 V_a 是否成正比？
   答

2. 轉速 S 與電樞電流 I_a 是否成正比？
   答

3. 電樞電壓 V_a 是否成有明顯變化或是幾乎維持定值？
   答

4. 電樞電流 I_a 是否成有明顯變化或是幾乎維持定值？
   答

5. 若要使轉速為 800 rpm，應該調整使電樞電壓 V_a 為_____V。
   答

6. 若要使轉速為 1400 rpm，應該調整使電樞電壓 V_a 為_____V。
   答

☀ **實驗名稱**

CH21 他激直流電動機磁場電流控速法

班 級	
學 號	
姓 名	
組 別	

☀ **實驗結果**

S (rpm)	700	900	1100	1300	1500	1700
V_a (V)						
I_a (A)						
V_f (V)						
I_f (A)						

畫出轉速 S 與電樞電流 I_f 之間的關係圖。

☀ **討論**

1. 轉速 S 與激流電壓 V_f 是否成反比？

    答

2. 轉速 S 與激流電流 I_f 是否成反比？

    答

3. 轉速 S 與電樞電壓 V_a 是否成正比？
    答

4. 轉速 S 與電樞電流 I_a 是否成正比？
    答

5. 電樞電壓 V_a 是否有明顯變化或是幾乎維持定值？
    答

6. 電樞電流 I_a 是否有明顯變化或是幾乎維持定值？
    答

7. 電樞電壓 V_f 是否有明顯變化或是幾乎維持定值？
    答

8. 電樞電流 I_f 是否有明顯變化或是幾乎維持定值？
    答

9. 若要使轉速為 800 rpm，應該調整使磁場電流 I_f 為_____A。
    答

10. 若要使轉速為 1400 rpm，應該調整使磁場電流 I_f 為_____A。
    答

💡 **實驗名稱**

CH22 直流串激電動機負載實驗

班 級	
學 號	
姓 名	
組 別	

💡 **實驗結果**

$R_L(\Omega)$	S(rpm)	V_a(V)	I_a(A)	V_L(V)	I_L(A)	輸入(W)	輸出(W)	效率%
轉軸								
10W 1 個								
10W 2 個								
10W 3 個								
10W 3 個 40W 1 個								
10W 3 個 40W 2 個								
10W 3 個 40W 3 個								
10W 3 個 40W 3 個 60W 1 個								
10W 3 個 40W 3 個 60W 2 個								
10W 3 個 40W 3 個 60W 3 個								
10W 3 個 40W 3 個 60W 3 個 100W 1 個								
10W 3 個 40W 3 個 60W 3 個 100W 2 個								

$R_L(\Omega)$	S(rpm)	V_a(V)	I_a(A)	V_L(V)	I_L(A)	輸入(W)	輸出(W)	效率%
10W 3 個 40W 3 個 60W 3 個 100W 3 個								

畫出轉速 S 與電樞電流 I_a 之間的關係圖。

 討論

1. 當負載電流增大時(代表機械負載增加)，轉速上升或是下降？

2. 當負載電流增大時(代表機械負載增加)，電樞電壓上升或是下降？

3. 當負載電流增大時(代表機械負載增加)，電樞電流增加或是減少？

答

4. 如果永磁式直流機的效率為 0.8，則 $R_L = 100\Omega$ 時，直流串激電動機真正的效率是多少？

答

💡 **實驗名稱**

CH23 直流複激電動機負載實驗

班 級	
學 號	
姓 名	
組 別	

💡 **實驗結果**

S_1 與 S_3 接點互換前

$R_L(\Omega)$	∞	10W 1 個	10W 2 個	10W 3 個	10W 3 個 40W 1 個	10W 3 個 40W 2 個	10W 3 個 40W 3 個
S(rpm)							
V_a(V)							
I_a(A)							
V_f(V)							
I_f(A)							
V_L(V)							
I_L(A)							
輸入(W)							
輸出(W)							
效率%							
轉速調整率%							

畫出轉速 S 與電樞電流 I_a 之間的關係圖。

S_1 與 S_3 接點互換後

$R_L(\Omega)$	∞	10W 1 個	10W 2 個	10W 3 個	10W 3 個 40W 1 個	10W 3 個 40W 2 個	10W 3 個 40W 3 個
S(rpm)							
V_a(V)							
I_a(A)							
V_f(V)							
I_f(A)							
V_L(V)							
I_L(A)							
輸入(W)							
輸出(W)							
效率%							
轉速調整率%							

畫出轉速 S 與電樞電流 I_a 之間的關係圖。

討論

1. S_1 與 S_3 接點互換前,當負載電流增大時(代表機械負載增加),轉速上升或是下降?

   答

2. S_1 與 S_3 接點互換前,當負載電流增大時(代表機械負載增加),電樞電壓上升或是下降?

   答

3. S_1 與 S_3 接點互換前,當負載電流增大時(代表機械負載增加),電樞電流增加或是減少?

   答

4. S_1 與 S_3 接點互換後,當負載電流增大時(代表機械負載增加),轉速上升或是下降?

   答

5. S_1 與 S_3 接點互換後，當負載電流增大時(代表機械負載增加)，電樞電壓上升或是下降？

6. S_1 與 S_3 接點互換後，當負載電流增大時(代表機械負載增加)，電樞電流增加或是減少？

7. S_1 與 S_3 接點互換前與互換後，當負載電流增大時轉速急速下降的是加複激或是差複激？

💡 **實驗名稱**

CH24 永磁式直流發電機負載實驗

班 級	
學 號	
姓 名	
組 別	

💡 **實驗結果**

$R_L(\Omega)$	∞	100W 1 個	100W 2 個	100W 3 個	100W 3 個 60W 1 個	100W 3 個 60W 1 個 40W 1 個	100W 3 個 60W 1 個 40W 2 個	100W 3 個 60W 1 個 40W 3 個
$V_L(V)$								
$I_L(A)$								
電壓調整率%								

　　畫出負載電壓 V_L 與負載電流 I_L 之間的關係圖。

討論

1. 當負載電流增大時，外部特性曲線呈現上升趨勢或是下降趨勢？
   答

2. 所謂負載增加是指負載電流增大或是負載電阻增大？
   答

3. 永磁式直流發電機是否適合當做定電壓源？
   答

4. 永磁式直流發電機的特性是否與他激式直流發電機的特性相似？
   答

💡 **實驗名稱**

CH25 永磁直流電動機負載實驗

班 級	
學 號	
姓 名	
組 別	

💡 **實驗結果**

$R_L(\Omega)$	∞	100W 1個	100W 2個	100W 3個	100W 3個 60W 1個 40W 1個	100W 3個 60W 1個 40W 1個	100W 3個 60W 1個 40W 2個	100W 3個 60W 1個 40W 3個	100W 3個 60W 1個 40W 3個 10W 3個
S (rpm)									
V_a(V)									
I_a(A)									
V_f(V)									
I_f(A)									
V_L(V)									
I_L(A)									
輸入(W)									
輸出(W)									
效率									
轉速調整率%									

畫出轉速 S 與電樞電流 I_a 之間的關係圖。

討論

1. 當負載電流增大時(代表機械負載增加)，轉速上升或是下降？
   答

2. 當負載電流增大時(代表機械負載增加)，電樞電壓上升或是下降？
   答

3. 當負載電流增大時(代表機械負載增加)，電樞電流增加或是減少？
   答

4. 永磁式直流電動機的特性是否與他激式直流電動機的特性相似？
   答

實驗名稱

CH26 三相交流同步發電機開路實驗

班 級	
學 號	
姓 名	
組 別	

實驗結果

電樞繞組的電阻值 $R_a = $ _____

I_f (A)	0	0.05	0.1	0.15
V_{AB} (V)				
E_g (V)				
I_f (A)	0.2	0.25		
V_{AB} (V)				
E_g (V)				

畫出線間電壓 V_{AB} 與激磁電流 I_f 之間的關係圖。

討論

1. 同步機磁場電流 I_f 與同步機相電壓 E_g 是否成正比？

2. 同步機磁場電流 I_f 與同步機相電壓 E_g 的關係圖是否有磁飽和現象？

    答

💡 **實驗名稱**

CH27 三相交流同步發電機短路實驗

班 級	
學 號	
姓 名	
組 別	

💡 **實驗結果**

I_f(A)	0	0.05	0.1	0.15
$I_A/\sqrt{3}$ (A)				
I_a(A)				
I_f(A)	0.2	0.25		
$I_A/\sqrt{3}$ (A)				
I_a(A)				

💡 **討論**

1. 同步機磁場電流 I_f 與同步機相電流 I_A 是否成正比？

2. 畫出同步機磁場電流 I_f 與同步機相電流 I_A 的關係圖(稱為短路特性曲線 SCC)。

   答

3. 同步機磁場電流 I_f 與同步機相電流 I_A 的關係圖是否有磁飽和現象？

答

4. 由短路特性曲線 SCC，當 I_A 達到額定值$(1.17)(\sqrt{3}) = 2.03A$ 時，同步機磁場電流 I_f 為_____A $= I_{fr}$。

答

5. 由開路特性曲線 OCC，當同步機磁場電流 I_f 為 I_{fr} 時，同步機相電壓 E_g 為_____V $= E_{g1}$。

答

6. 同步阻抗 $Z_S = \dfrac{E_{g1}}{I_{A(額定)}}$ 額定為_____Ω。

答

7. 等效的 Y 接電阻值 R_a 為_____Ω。

答

8. 同步電抗 X_S 為_____Ω。

答

9. 如果忽略 R_a，直接以同步電抗 X_S 當作同步阻抗 Z_S，誤差會很大嗎？

答

實驗名稱

CH28 三相交流同步發電機伏安特性實驗

班　級	
學　號	
姓　名	
組　別	

實驗結果

純電阻負載

	無載	S_1 ON	S_2 ON	S_3 ON	S_4 ON	S_5 ON	S_6 ON
I_A(A)							
V_{AB}(V)							
V_p(V)							

電感性負載

	無載	S_1 ON	S_2 ON	S_3 ON	S_4 ON	S_5 ON	S_6 ON
I_A(A)							
V_{AB}(V)							
V_p(V)							

電容性負載

	無載	S_1 ON	S_2 ON	S_3 ON	S_4 ON
I_A(A)					
V_{AB}(V)					
V_p(V)					

討論

1. 當負載為純電阻，負載電流 I_A 增加時，負載線電壓 V_{AB} 與負載相電壓 V_p 增加或減少？

   答

2. 當負載為電感性，負載電流 I_A 增加時，負載線電壓 V_{AB} 與負載相電壓 V_p 增加或減少？

3. 負載電流 I_A 增加時，純電阻負載與電感性負載那一個的電壓降比較大？

4. 當負載為電容性，負載電流 I_A 增加時，負載線電壓 V_{AB} 與負載相電壓 V_p 增加或減少？

💡 **實驗名稱**

班 級	
學 號	
姓 名	
組 別	

CH29 三相交流同步發電機複合特性實驗

💡 **實驗結果**

純電阻負載

無載電壓=_____V，I_f=_____A

	S_1 ON	S_2 ON	S_3 ON	S_4 ON
I_A (A)				
I_f (A)				

電感性負載

無載電壓=_____V，I_f=_____A

	S_1 ON	S_2 ON
I_A (A)		
I_f (A)		

電容性負載

無載電壓=_____V，I_f=_____A

	S_1 ON	S_2 ON	S_3 ON	S_4 ON
I_A (A)				
I_f (A)				

💡 **討論**

1. 當負載為純電阻，負載電流 I_A 增加時，維持負載電壓 V_{AB} 固定，激磁電流 I_f 必須增加或減少？

答

2.　當負載爲電感性，負載電流 I_A 增加時，維持負載電壓 V_{AB} 固定，激磁電流 I_f 必須增加或減少？

3.　當負載電流 I_A 增加時，欲維持負載電壓 V_{AB} 固定，純電阻負載與電感性負載那一個的激磁電流 I_f 必須調比較多？

4.　當負載爲電容性，負載電流 I_A 增加時，維持負載電壓 V_{AB} 固定，激磁電流 I_f 必須增加或減少？

實驗名稱

CH30 三相交流同步發電機並聯實驗

班 級	
學 號	
姓 名	
組 別	

實驗結果

3 個同步燈是否有持續輪流明滅？

 討論

1. 當同步信號指示燈組上方的 3 燈持續輪流明滅，此時調直流電源供應器的藍色"Vadj"旋鈕，是否可讓 3 燈持續輪流明滅的速度變慢或變快？甚至使 3 燈持續輪流明滅的旋轉方向改變？這代表甚麼？

   答

2. 如果改成暗燈法，當還沒 3 燈全滅時，調三相交直流電源供應器提供給三相凸極式同步機的激磁電流是否可以達到 3 燈全滅？為什麼？

   答

💡 **實驗名稱**

CH31 三相交流同步電動機負載實驗

班 級	
學 號	
姓 名	
組 別	

💡 **實驗結果**

$R_L(\Omega)$	$V_L(V)$	$I_L(A)$	輸出 $V_L I_L(W)$	$I_A(A)$	功率因數(落後)
100W 1 個					
100W 1 個 60W 1 個					
100W 1 個 60W 1 個 40W 1 個					
100W 1 個 60W 1 個 40W 2 個					
100W 1 個 60W 1 個 40W 3 個					
100W 1 個 60W 1 個 40W 3 個 10W 1 個					
100W 1 個 60W 1 個 40W 3 個 10W 2 個					
100W 1 個 60W 1 個 40W 3 個 10W 3 個					

畫出輸出與 I_A 的關係圖。

💡討論

1. 輸出增加時，三相凸極式同步機的電樞電流 I_A 是否增加？

   答

2. 輸出增加時，三相凸極式同步機的功率因數是否愈來愈接近 1？

   答

實驗名稱

CH32 三相交流同步電動機調相實驗

班 級	
學 號	
姓 名	
組 別	

實驗結果

$R_L = 40W$ 燈泡 1 個

I_f (A)	0.1	0.15	0.2	0.25
I_A (A)				
功率因數(落後)				

$R_L = 40W$ 燈泡 2 個

I_f (A)	0.1	0.15	0.2	0.25
I_A (A)				
功率因數(落後)				

$R_L = 40W$ 燈泡 3 個

I_f (A)	0.1	0.15	0.2	0.25
I_A (A)				
功率因數(落後)				

畫出 V 形曲線與倒 V 曲線

💡**討論**

1.　激磁增加時，三相凸極式同步機的電樞電流 I_A 是否增加？
答

2.　激磁增加時，三相凸極式同步機的功率因數是否愈來愈接近 1？
答

實驗名稱

CH33 交流三相感應電動機無載實驗

班 級	
學 號	
姓 名	
組 別	

 實驗結果

電樞繞組的電阻值 $R_a =$ _____

輸入功率(W)	V(V)	I(A)

 討論

1. 無載旋轉損為_____瓦特？

   答

2. $X_1 + X_m$ 為_____歐姆？

   答

3. 無載時轉速是否接近同步速？

   答

💡**實驗名稱**

CH34 交流三相感應電動機鎖住轉子實驗

班 級	
學 號	
姓 名	
組 別	

💡**實驗結果**

輸入功率 (W)	功率因數	V (V)	I (A)

💡**討論**

1. 鎖住轉子阻抗為_____歐姆？

   答

2. 鎖住轉子電阻為_____歐姆？

   答

3. 轉子電阻 R_2 為_____歐姆？

   答

4. $X_1 + X_2$ 為_____歐姆？

   答

5. 假設為 A 類感應機 X_1 與 X_2 各佔 50%，則 X_1 為_____歐姆？
   X_2 為_____歐姆？X_m 為_____歐姆？

   答

實驗名稱

CH35 交流三相感應電動機 Y－△ 啓動實驗

班 級	
學 號	
姓 名	
組 別	

實驗結果

全壓啓動電壓 (V)	全壓啓動電流 (A)
Y 接降壓啓動電壓 (V)	Y 接降壓啓動電流 (A)
Y 接降壓啓動後 △ 接運轉電壓 (V)	Y 接降壓啓動後 △ 接運轉電流 (A)

說明▶ 本實驗室之感應機功率非常小，故運轉電流與全壓啓動電流相同，但一般大功率機組通常運轉電流會小於全壓啓動電流。

討論

1. Y 接降壓啓動電壓是否低於全壓啓動電壓？
   答

2. Y 接降壓啓動電流是否低於全壓啓動電流？
   答

實驗名稱

CH36 交流三相感應電動機自耦變壓器降壓啓動實驗

班　級	
學　號	
姓　名	
組　別	

實驗結果

V (V)	25	30	40	50
I (A)				

說明 ▶ 本實驗是慢慢調高電壓，若在圖 36-1 數位式多功能電表模組與三相鼠籠式電動機中間加上四極切換開關，先將電壓調到設定值，再使四極切換開關導通，瞬間將設定電壓加到三相鼠籠式電動機上，而非如本實驗慢慢調高電壓，則會呈現電壓小、電流小的結果。

討論

1. 降壓啓動時電流是否小於全壓啓動電流
   (由第 35 章可知全壓啓動電流約爲 0.85A)？
   答

實驗名稱

CH37 交流三相感應電動機轉速控制實驗

班 級	
學 號	
姓 名	
組 別	

實驗結果

轉速(rpm)	300	600	900	1200	1500	1670
V (V)						

說明▶ 感應機以電壓控制轉速呈非線性關係,不如直流機呈線性關係比較好控制。

討論

1. 是否可用電壓控制轉速?

   答

💡 **實驗名稱**

CH38 交流三相感應電動機負載實驗

班 級	
學 號	
姓 名	
組 別	

💡 **實驗結果**

電阻 (Ω)	輸入 功率 (W)	輸入 電壓 (V)	輸入 電流 (A)	輸出 電壓 (V)	輸出 電流 (A)	輸出 功率 (W)	轉速 (rpm)	效率 %	轉差率
∞									
10W 1 個									
10W 2 個									
10W 3 個									
40W 1 個									
40W 1 個 10W 1 個									
60W 1 個									
60W 1 個 10W 1 個									
40W 2 個									
40W 2 個 10W 1 個									
100W 1 個									

電阻 (Ω)	輸入功率 (W)	輸入電壓 (V)	輸入電流 (A)	輸出電壓 (V)	輸出電流 (A)	輸出功率 (W)	轉速 (rpm)	效率 %	轉差率
100W 1個 10W 1個									
100W 1個 10W 2個									
100W 1個 10W 3個									

討論

1.　負載愈大轉速愈高或低？

　　答

2.　負載愈大輸入電流愈高或低？

　　答

3.　負載愈大輸入電壓愈高或低？

　　答

4. 負載愈大轉差率愈大或小？

5. 在輕載，接近同步速(轉差率趨近零)，轉差率愈大，輸出愈大或小？效率愈高或低？

6. 在重載，轉差率大，轉差率愈大，輸出愈大或小？效率愈高或低？

💡**實驗名稱**

CH39 交流三相感應發電機負載實驗

班 級	
學 號	
姓 名	
組 別	

💡**實驗結果**

轉速(rpm)	輸入功率(W)	輸入電壓(V)	輸入電流(A)
1670			
1670(加電容)			
1900			
2000			

💡**討論**

1. 當轉速超過三相鼠籠式電動機的同步速 1800rpm，三相鼠籠式電動機是否變成交流三相感應發電機(輸入功率變成負的)？

   答

2. 當轉速超過三相鼠籠式電動機的同步速 1800rpm 愈多，交流三相感應發電機是否發出較多的電？

   答

3. 加電容後輸入電流增加或減少？為什麼？

   答

💡 **實驗名稱**

CH40 直流串激電動機當作萬用電機實驗

班 級	
學 號	
姓 名	
組 別	

💡 **實驗結果**

加直流電源

R_L (Ω)	100W 1 個	40W 2 個 10W 1 個	40W 2 個	60W 1 個 10W 1 個	60W 1 個	40W 1 個 10W 1 個
S (rpm)						
V_a (v)						
I_a (A)						
V_L (V)						
I_L (A)						
輸入(W)						
輸出(W)						
效率%						

加交流電源當作萬用電機使用

R_L (Ω)	10W 1 個	10W 2 個	10W 3 個	40W 1 個	40W 1 個 10W 1 個	60W 1 個	60W 1 個 10W 1 個	40W 2 個	40W 2 個 10W 1 個	100W 1 個
S (rpm)										
V_L (V)										
I_L (A)										
輸出(W)										
效率										

💡 **討論**

1. 沒有經過改造的直流串激電動機是否可以當作萬用電機使用？為什麼？

歡迎加入 全華會員

● 會員獨享

會員享購書折扣、紅利積點、生日禮金、不定期優惠活動…等。

● 如何加入會員

掃 QRcode 或填妥讀者回函卡直接傳真 (02) 2262-0900 或寄回，將由專人協助登入會員資料，待收到 E-MAIL 通知後即可成為會員。

如何購買 全華書籍

1. 網路購書

全華網路書店「http://www.opentech.com.tw」，加入會員購書更便利，並享有紅利積點回饋等各式優惠。

2. 實體門市

歡迎至全華門市（新北市土城區忠義路 21 號）或各大書局選購。

3. 來電訂購

(1) 訂購專線：(02) 2262-5666 轉 321-324
(2) 傳真專線：(02) 6637-3696
(3) 郵局劃撥（帳號：0100836-1　戶名：全華圖書股份有限公司）
※ 購書未滿 990 元者，酌收運費 80 元。

全華網路書店 www.opentech.com.tw
E-mail: service@chwa.com.tw

※ 本會員制如有變更則以最新修訂制度為準，造成不便請見諒。

讀者回函卡

掃 QRcode 線上填寫 ▶▶

姓名：＿＿＿＿＿＿　生日：西元＿＿＿＿年＿＿月＿＿日　性別：□男 □女

電話：（＿＿＿）＿＿＿＿＿＿　手機：＿＿＿＿＿＿

e-mail：（必填）＿＿＿＿＿＿

註：數字零，請用 Φ 表示，數字 1 與英文 L 請另註明並書寫端正，謝謝。

通訊處：□□□□□

學歷：□高中・職　□專科　□大學　□碩士　□博士

職業：□工程師　□教師　□學生　□軍・公　□其他

學校／公司：＿＿＿＿＿＿　科系／部門：＿＿＿＿＿＿

· 需求書類：

□ A. 電子 □ B. 電機 □ C. 資訊 □ D. 機械 □ E. 汽車 □ F. 工管 □ G. 土木 □ H. 化工 □ I. 設計
□ J. 商管 □ K. 日文 □ L. 美容 □ M. 休閒 □ N. 餐飲 □ O. 其他

· 本次購買圖書為：＿＿＿＿＿＿　書號：＿＿＿＿＿＿

· 您對本書的評價：

封面設計：□非常滿意　□滿意　□尚可　□需改善，請說明＿＿＿＿＿＿
內容表達：□非常滿意　□滿意　□尚可　□需改善，請說明＿＿＿＿＿＿
版面編排：□非常滿意　□滿意　□尚可　□需改善，請說明＿＿＿＿＿＿
印刷品質：□非常滿意　□滿意　□尚可　□需改善，請說明＿＿＿＿＿＿
書籍定價：□非常滿意　□滿意　□尚可　□需改善，請說明＿＿＿＿＿＿
整體評價：請說明＿＿＿＿＿＿

· 您在何處購買本書？

□書局　□網路書店　□書展　□團購　□其他

· 您購買本書的原因？（可複選）

□個人需要　□公司採購　□親友推薦　□老師指定用書　□其他

· 您希望全華以何種方式提供出版訊息及特惠活動？

□電子報　□DM　□廣告 （媒體名稱＿＿＿＿＿＿）

· 您是否上過全華網路書店？（www.opentech.com.tw）

□是　□否　您的建議＿＿＿＿＿＿

· 您希望全華出版哪方面書籍？＿＿＿＿＿＿

· 您希望全華加強哪些服務？＿＿＿＿＿＿

感謝您提供寶貴意見，全華將秉持服務的熱忱，出版更多好書，以饗讀者。

填寫日期：　　／　　／

2020.09 修訂

親愛的讀者：

感謝您對全華圖書的支持與愛護，雖然我們很慎重的處理每一本書，但恐仍有疏漏之處，若您發現本書有任何錯誤，請填寫於勘誤表內寄回，我們將於再版時修正，您的批評與指教是我們進步的原動力，謝謝！

全華圖書　敬上

勘　誤　表

書　號		書　名		作　者
頁　數	行　數	錯誤或不當之詞句		建議修改之詞句

我有話要說： （其它之批評與建議，如封面、編排、內容、印刷品質等・・・）